小胞体

一重の膜からなる袋状または管状の構造で，細胞質基質に広がっている。リボソームが付着した部分を粗面小胞体，付着していない部分を滑面小胞体という。タンパク質をゴルジ体へ輸送したり，脂質を合成したりする。

一重の膜でできており，内部は細胞液で満たされている。動物細胞にも存在するが，植物細胞で特に発達する。液胞内にはアミノ酸や無機塩類などのほか老廃物も貯蔵する。アントシアンなどの色素を含むものもある。

植物細胞

核

細胞質基質

細胞小器官の間をうめる部分で，さまざまな化学反応の場となる。

細胞骨格

ミトコンドリア

リボソーム

ゴルジ体

細胞膜

リン脂質の二重層にタンパク質がモザイク状に分布している。細胞への物質の出入りを調節している。

葉緑体

重の膜でできており，内部にはチラコイドと呼
れる扁平な膜構造が存在する。チラコイドの重
った部分をグラナといい，チラコイドをうめる
分をストロマと呼ぶ。チラコイドにはクロロ
ィルなどの光合成色素や ATP 合成酵素が含ま
ている。光合成の場となる。

細胞壁

細胞質を囲む構造体で，セルロースを主成分とする。伸びにくいため，植物細胞が過度に膨張して破裂することを防いでいる。

▭ は，植物細胞にのみ存在する。

本書の構成と利用法

本書は，高等学校「生物基礎」の学習書として，基礎知識を体系立てて理解し，さらに問題解決の技法を確実に習得できるよう，特に留意して編集してあります。したがって，本書を教科書と併用することによって，学習の効果を一層高めることができます。また，大学入試に備えて，基礎作りを行うための自習用整理書としても最適です。各学習テーマは，次のような構成になっています。

まとめ　「生物基礎」における重要事項を図や表を用いてまとめて丁寧に解説し，効率的に学習できるよう工夫してあります。

プロセス　「まとめ」で理解した知識をより確実にするため，問題形式で基礎的な理解度を自己チェックできるようにしています。

基本例題　典型的な問題を示し，考え方，解き方などが説明してあります。これによって，いろいろな形式の問題について，解法をマスターできるようにしました。また，関連する基本問題とリンクさせています。

基本問題　「生物基礎」教科書や各章の解説にある重要事項にもとづき，基礎的な学力を養成する良問で構成しています。

思考例題　思考力を必要とする入試問題を取り上げています。思考の過程が体験できるような構成としており，データの見方や，情報の整理の仕方といった問題解決の手順と手段が身に着けられます。

発展例題　基本例題よりも高度な解決能力を要する入試問題を取り上げ，丁寧に解説しました。関連する発展問題をリンクさせています。

発展問題　実際の入試問題から良問を選んで掲載しました。思考力を要する問題などを取り上げました。すべての問題にヒントを設けています。

★さらに入試対策として，巻末に3つの特集を設けました。

総合演習　さらに応用的な大学入試問題を掲載し，実践力が高められるようにしました。

論述問題　論述・記述形式の良問をまとめて掲載しています。解答に使用する用語を指定した基本問題と，自由に記述する発展問題の二段階に分けました。

大学入学共通テスト対策問題　思考力・判断力・表現力を養成する問題を掲載しました。

次のマークをそれぞれの内容に付し，利用しやすくしています。

資質・能力を表すマーク
- 知識 ……知識・技能を特に要する問題。
- 思考 ……思考力・判断力・表現力を特に要する問題。

科目の範囲を表すマーク
- 発展 ……「生物」科目の学習事項を含む問題。

問題のタイプを表すマーク
- 論述 ……論述形式の設問を含む問題。
- 実験・観察 実験・観察を題材とした問題。
- 計算 ……計算問題を含む問題。
- 作図 ……作図形式の設問を含む問題。
- やや難 ……やや難しい問題。

本書に掲載している大学入試問題の解答・解説は弊社で作成したものであり，各大学から公表されたものではありません。

CONTENTS

■学習支援サイト「プラスウェブ」のご案内

スマートフォンやタブレット端末機などを使って，以下のコンテンツにアクセスすることができます。 https://dg-w.jp/b/b5f0001

❶基本例題・発展例題の解説動画
❷大学入試問題の分析と対策

［注意］コンテンツの利用に際しては，一般に，通信料が発生します。

第**1**編　生物と遺伝子

1 生物の特徴

1 生物の多様性と共通性

❶生物の多様性

(a) **地球上の環境の多様性**　地球上には森林や草原，海洋や湖沼，大気中や土壌中などさまざまな環境があり，それぞれの環境に多種多様な生物が生息している。

(b) **生物の分類の単位**　生物を分類する際の基本単位は種である。種とは形態などの特徴が共通し，親から生殖可能な子が生じる生物群を指す。

(c) **生物の種数**　地球上には名前がつけられているものだけでも約190万種以上が存在し，名前のつけられていないものも含めると，数千万種にのぼると推定されている。

❷生物の共通性

生物は，多様でありながら，脊椎動物はすべて脊椎をもち，植物は光合成を行うといったように，生物間で共通した特徴がみられる。

(a) **すべての生物に共通する特徴**　すべての生物に共通する特徴に，以下のものがある。

- からだが細胞からなる。生物のからだの基本単位は細胞であり，生物は1つまたは，複数の細胞からなる。
- 遺伝物質として**DNA**をもち，生殖によって新しい個体(子)をつくる。DNA(遺伝情報)は，細胞が分裂するときに，複製・分配され，生殖の際に子に伝わる。
- エネルギーを利用して生命活動を営む(代謝を行う)。

※そのほかにも，体内の状態を一定の範囲内に保とうとする性質(恒常性)や，進化するといった特徴もみられる。

(b) **ウイルス**　ウイルスは，遺伝物質をもつが，細胞構造をもたず，代謝を行わない。また，自ら増殖することもできない。このように，生物に共通する特徴のすべてを備えてはいないため，生物として扱われないことが多い。

❸細胞構造における多様性と共通性

(a) **原核細胞と真核細胞**

細胞には，核をもたない原核細胞と，核をもつ真核細胞がある。原核細胞の内部構造は単純であるが，真核細胞の内部には核やミトコンドリア，葉緑体などの細胞小器官がみられる。原核細胞からなる生物を原核生物といい，真核細胞からなる生物を真核生物という。

	原核細胞	真核細胞		
		菌類	植物	動物
細胞膜	＋	＋	＋	＋
細胞質基質	＋	＋	＋	＋
染色体	＋	＋	＋	＋
核＊	−	＋	＋	＋
ミトコンドリア＊	−	＋	＋	＋
葉緑体＊	−	−	＋	−
細胞壁	＋	＋	＋	−

＋：ある　−：ない　＊：細胞小器官

(b) **細胞の構造**　細胞膜で内外が仕切られ，**細胞質**（細胞膜で囲まれた内部のうち核を除く部分）をもつ。また，内部に **DNA** を含む**染色体**をもち，細胞質は水にタンパク質などが溶解した**細胞質基質**と呼ばれる粘性のある液状成分で満たされている。

i ）真核細胞の構造

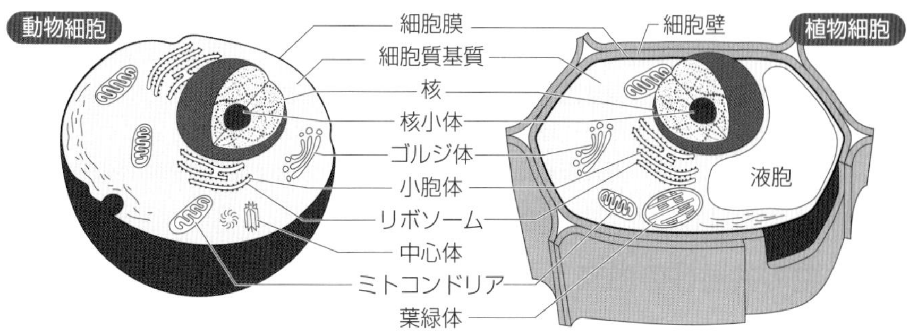

核	核膜	二重の膜で，物質の輸送路となる小孔（核膜孔）がある。
	核小体	RNA を含む球状の構造体で，核内に 1 ～数個存在する。
	染色体	遺伝子の本体である DNA とタンパク質で構成される繊維状の物質。**酢酸オルセイン**や**酢酸カーミン**で良く染まる。
細胞質基質		細胞膜で囲まれた細胞質を満たす液状成分。タンパク質などを含む。
細胞膜		細胞の最外層。物質輸送を担い，細胞内の物質濃度を調節する。
ミトコンドリア		二重の膜からなり，呼吸の場となる。
リボソーム★		だるま状の小体で，タンパク質合成の場となる。
中心体		2 個の中心小体からなり，細胞分裂などに関与する。
ゴルジ体		扁平な袋が重なった構造で，物質の輸送や分泌に関与する。
小胞体★		膜構造をもち，合成されたタンパク質の移動経路などになる。
葉緑体		二重の膜からなり，クロロフィルを含み，光合成の場となる。
液胞		物質の濃度調節や貯蔵を行う，成長した植物細胞で発達する。
細胞壁		植物細胞や菌類の細胞，原核細胞に存在し，細胞の形を維持する。

★：光学顕微鏡では見えない

(c) **細胞の大きさ**

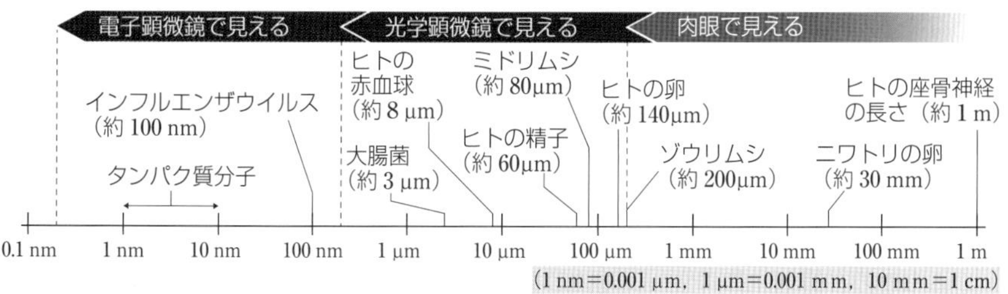

分解能　2 点として識別できる最小の長さを分解能という。肉眼は 0.1～0.2mm（100～200 µm），光学顕微鏡は 0.2 µm，電子顕微鏡は 0.2nm 程度である。

(d) **細胞の研究史** 細胞の研究は，顕微鏡の発明によって可能になった。

1665年 フックは，コルクの薄片を観察し，コルクはハチの巣のような多数の小部屋からなることを発見し，この小部屋を「cell(細胞)」と呼んだ。

1674～1677年 レーウェンフックは，生きた細胞をはじめて観察，記録した。

1838年 シュライデンは，植物について**細胞説**を提唱した。
※細胞説：「生物のからだは細胞からできている」とする説

1839年 シュワンは，動物について細胞説を提唱した。

1855年 フィルヒョーは，「すべての細胞は細胞から(細胞分裂により)生じる」という考え方を提唱した。これによって，「細胞は生物体の構造・機能の基本単位である」という認識が広まっていった。

2 生物の共通性の由来

❶適応と系統

(a) **適応** 進化を通じ，生物のからだの形や特徴が，生活環境に適するようになることを適応という。多様な生物が存在するのは，進化の結果である。

(b) **系統と系統樹** 生物が進化してきた道筋を系統といい，それぞれの生物群の系統関係を樹状に表したものを系統樹という。

(c) **生物の共通性の由来** 生物は，祖先生物から特徴を受け継ぎながら進化する。そのため，生物の共通性には，共通する祖先生物がもつ特徴に由来するものがある。

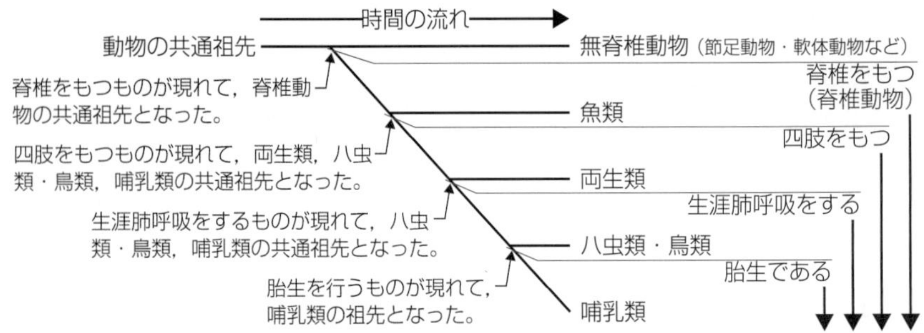

◀脊椎動物の系統関係と共通性の由来▶

❷細胞構造と生物の共通祖先

真核細胞は，染色体や細胞膜など，原核細胞と共通した特徴をもつ一方で，原核細胞にはない細胞小器官などをもつ。このことから，真核生物は原核生物から進化したと考えられている。

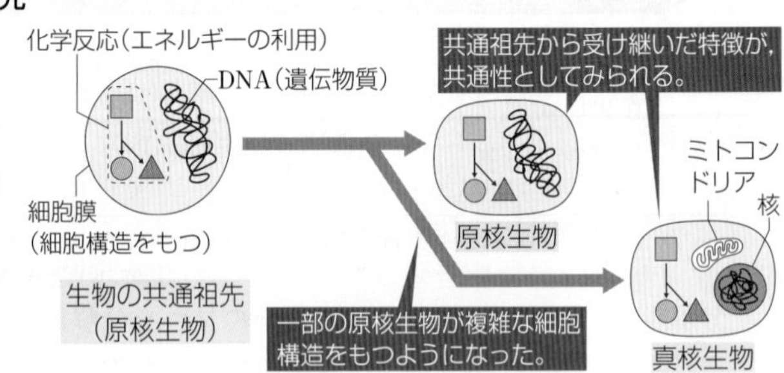

3 生物とエネルギー

❶代謝とエネルギー

生命活動に伴う化学反応を総称して代謝という。生体内では物質を合成したり分解したりする化学反応が常に起こっており，生体内の物質は絶えず入れ替わっている。代謝において，単純な物質から複雑な物質を合成する過程を同化といい，同化はエネルギーの吸収を伴う。一方，複雑な物質を単純な物質に分解する過程を異化といい，異化はエネルギーの放出を伴う。

植物などのように，外界から取り入れた無機物から有機物を合成できる生物を独立栄養生物といい，動物などのように，無機物から有機物を直接合成できず，独立栄養生物が合成した有機物に依存する生物を従属栄養生物という。

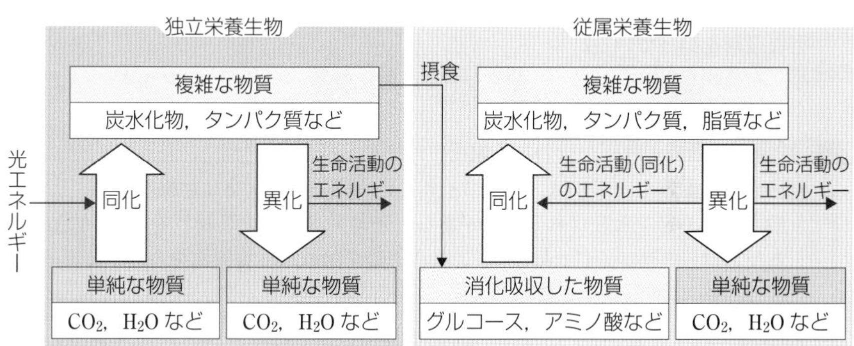

❷ATP の構造と働き

(a) **ATP の構造**　すべての生物は，代謝に伴うエネルギーの受け渡しに **ATP**(アデノシン三リン酸)を用いている。ATP は，塩基の一種であるアデニンと五炭糖の一種であるリボースが結合したアデノシンに，3 分子のリン酸が結合した化合物である。ATP から末端のリン酸 1 分子が切り離された物質は，**ADP**(アデノシン二リン酸)という。

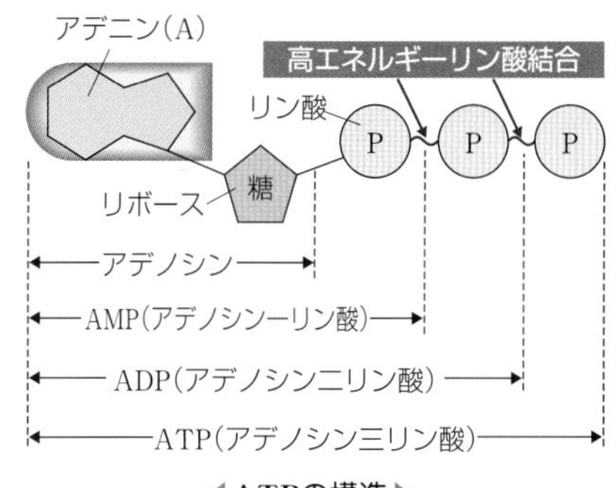

◀ATPの構造▶

(b) **ATP の働き**　ATP 内のリン酸どうしの結合(高エネルギーリン酸結合)が切れて ADP となるときに，エネルギーが放出される。このエネルギーが，さまざまな生命活動に利用される。また，ADP は，呼吸などで得られたエネルギーによってリン酸と結合し，再び ATP となる。このときのエネルギーは，リン酸どうしが結合することで ATP に蓄えられる。このようにして，ATP 内のリン酸が，代謝に伴うエネルギーの受け渡しを担っている。ATP は，その働きから生体内の「エネルギー通貨」といわれる。

$$\text{ATP} + \text{水} \rightleftarrows \text{ADP} + \text{リン酸} + \text{エネルギー}$$

❸光合成と呼吸

(a) **光合成** 生物が二酸化炭素を吸収して有機物を合成する反応を**炭酸同化**という。炭酸同化のうち，光エネルギーを用いるものを**光合成**という。植物は，**葉緑体**で光合成を行い，水と二酸化炭素から有機物をつくり酸素を発生させる。葉緑体に含まれるクロロフィルなどの色素が光エネルギーを吸収し，このエネルギーによってATPが合成される。合成されたATPは，二酸化炭素から有機物が合成される際に用いられる。

水 ＋ 二酸化炭素 ＋ 光エネルギー ⟶ 有機物(グルコース) ＋ 酸素
H_2O　CO_2　$C_6H_{12}O_6$　O_2

(b) **呼吸** 酸素を用いてグルコースなどの有機物を分解し，このとき放出されるエネルギーを利用して，生命活動に必要なATPを合成する反応を**呼吸**という。呼吸によってグルコースが分解されると水と二酸化炭素を生じる。呼吸では**ミトコンドリア**が重要な役割を担っている。

有機物(グルコース) ＋ 酸素 ⟶ 二酸化炭素 ＋ 水 ＋ エネルギー(ATP)
$C_6H_{12}O_6$　O_2　CO_2　H_2O

発展 **光合成と呼吸が行われる場所**

光合成…葉緑体の内部には，**チラコイド**という扁平な袋状をした膜構造と，その間を満たす**ストロマ**と呼ばれる部分がある。光エネルギーを吸収してATPが合成される反応は，チラコイドで起こり，二酸化炭素を吸収して有機物を合成する反応(**カルビン回路**)はストロマで起こる。

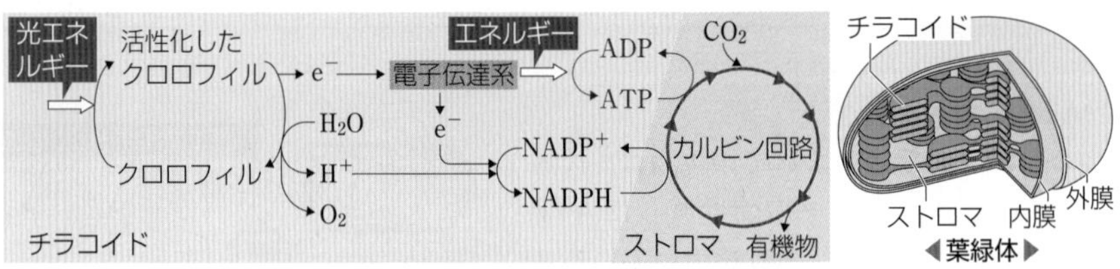

◀葉緑体▶

呼吸…グルコースが完全に水と二酸化炭素に分解される反応は，細胞質基質とミトコンドリアで起こる。細胞質基質では，グルコースが段階的にピルビン酸まで分解される。この過程を**解糖系**という。ピルビン酸は，ミトコンドリアのマトリックス(内膜に囲まれた部分）に運ばれて，**クエン酸回路**という過程でさらに分解される。解糖系やクエン酸回路で取り出された化学エネルギーは，ミトコンドリアの内膜に存在する**電子伝達系**に運ばれ，多量のATPが合成される。

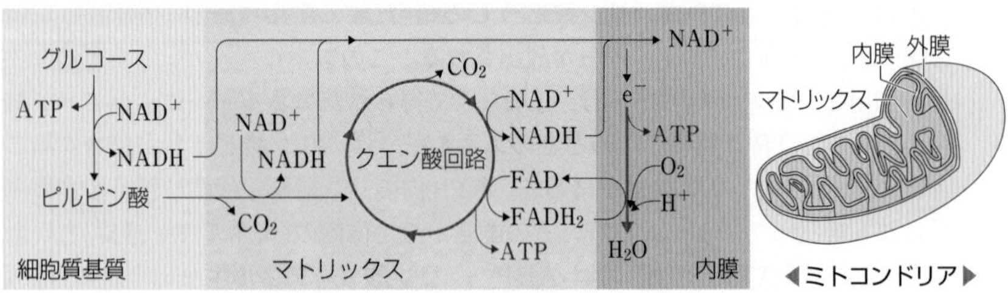

◀ミトコンドリア▶

4 代謝と酵素

❶酵素とその特徴

(a) **酵素** 生体でつくられ，タンパク質を主成分とし，**触媒**として働く物質を酵素という。生体内で起こる化学反応のほぼすべてで，酵素が関与している。酵素が働くことで，代謝が穏やかな条件で円滑に進む。アミラーゼのように生体外で働く酵素もある。

(b) **酵素の特徴** 酵素の作用を受ける物質を**基質**といい，酵素が特定の物質にのみ作用する性質を**基質特異性**という。また，酵素は，反応の前後で変化しない。したがって，1つの酵素が，いくつもの基質にくり返し作用することができる。

(c) **代謝の過程と酵素** 代謝は通常，複数の反応が組み合わさり，それらが連続して進行する。一連の反応では，ある物質に特定の酵素が作用して生じた生成物が，別の酵素の基質となるというように，複雑な過程でも，順を追って円滑に進む。

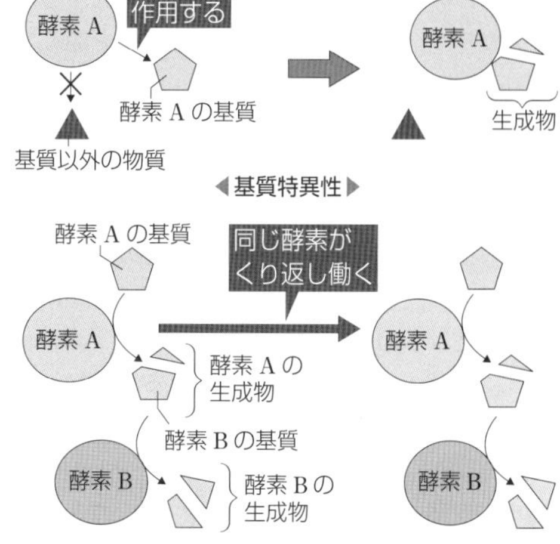

◀代謝の反応過程とくり返し反応▶

発展 **酵素反応のしくみ**

酵素が基質と結合し，化学反応を促進する部分を**活性部位**という。酵素をつくっているタンパク質は，その種類ごとに特有の立体構造をもち，活性部位の構造に適する物質とは結合するが，適さないものとは結合しない（基質特異性）。酵素と基質が結合した状態を**酵素－基質複合体**と呼び，この状態を経て基質は生成物に変化する。

化学反応は，ふつう温度が高くなると反応速度は大きくなる。しかし，酵素反応の場合は，ある一定の温度を超えると，酵素の主成分であるタンパク質の立体構造が変化（熱変性）するため，急激に反応速度が小さくなる。酵素反応の反応速度が，最も大きくなる温度を**最適温度**という。変性した酵素は，不可逆的に活性を失う。また，酵素は，その種類ごとに作用するpHの範囲が決まっており，反応速度が最も大きくなるpHを**最適 pH**という。

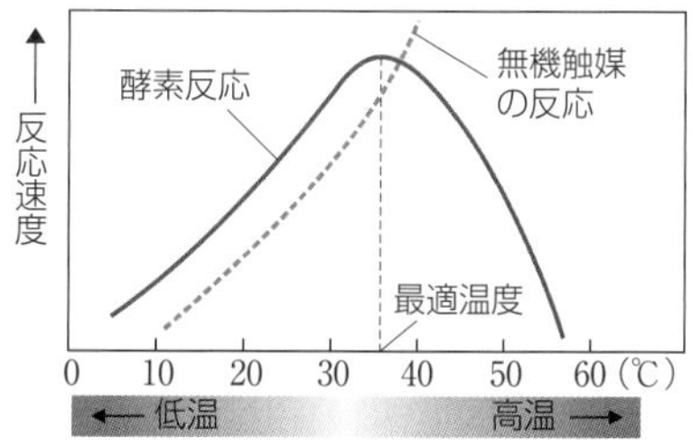

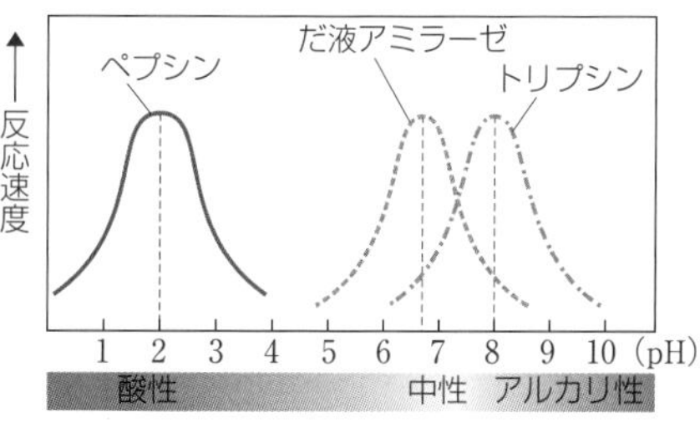

5 顕微鏡観察

❶顕微鏡の構造と機能

(a) **レンズと倍率** 観察する倍率は，対物レンズと接眼レンズの倍率の積で表される。

(b) **反射鏡** 反射鏡には，平面鏡と凹面鏡がある。通常，低倍率での観察には平面鏡を，高倍率の観察には凹面鏡を使用する。

(c) **しぼり** レンズに入る光量を調節する装置。通常，低倍率での観察時にはしぼりを絞り，高倍率の観察時にはしぼりを開く。

❷顕微鏡の取り扱い

(a) **持ち運びと設置** 一方の手でアームをしっかりと握り，下から支えるように他方の手を鏡台にそえて持ち運び，直射日光の当たらない，明るく水平な場所に設置する。

(b) **レンズの取り付けと視野の明るさの調節** レンズが装着されていない場合，**先に接眼レンズ，続いて対物レンズ**を取り付ける。最初に，最も倍率の低い対物レンズを選択し，反射鏡の角度を調節して視野が明るくなるようにする。

(c) **ピントの調節** 試料が，対物レンズの真下にくるように，プレパラートをステージにのせて，クリップで固定する。対物レンズとプレパラートが接触しないように**横から見ながら調節ねじを回して近づける**。その後，接眼レンズをのぞきながら調節ねじを回し，対物レンズとプレパラートの間隔を広げてピントを合わせる。

(d) **観察とスケッチ** 観察しやすい像を探し，視野中央に移動させる。しぼりを調節し，輪郭を明瞭にする。スケッチは輪郭を一本線で描き，陰影は点の疎密で表し，塗りつぶしや斜線を用いない。

	対物レンズの長さ	反射鏡	視野の明るさ	視野の広さ	焦点深度
高倍率	長い	凹面鏡	暗い	狭い	浅い
低倍率	短い	平面鏡	明るい	広い	深い

❸ミクロメーターを使った長さの測定

(a) **ミクロメーターの設置** 表が上になるように，接眼ミクロメーターを接眼レンズ内に入れる。対物ミクロメーターをステージ上に置き，この目盛りにピントを合わせる。

(b) **長さの測定** 右図のように接眼ミクロメーターと対物ミクロメーターの目盛りが平行に重なるようにして，両者の目盛りが合致しているところを2か所探す。それぞれの目盛りの数を読み取り，対物ミクロメーターの目盛り（1目盛り=0.01 mm=10 μm）の数から，接眼ミクロメーター1目盛りが何 μm に相当するのかを計算する。

$$\text{接眼ミクロメーターの1目盛りの長さ}(\mu m) = \frac{\text{対物ミクロメーターの目盛りの数} \times 10(\mu m)}{\text{接眼ミクロメーターの目盛りの数}}$$

算出した接眼ミクロメーターの1目盛りの長さをもとに，観察対象の長さを測定する。

$$\text{観察対象の長さ}(\mu m) = \text{接眼ミクロメーターの目盛りの数} \times \text{算出した接眼ミクロメーター1目盛りの長さ}(\mu m)$$

プロセス *Process*

1 生物の共通性について，次の文中の(　　)に適当な語を答えよ。

すべての生物において，からだの基本単位は(　1　)である。また，生物は，遺伝物質として(　2　)をもち，(　3　)によって子をつくる。生命活動には，栄養分を分解して得た(　4　)を利用している。これらのような，すべての生物で共通する特徴がみられるのは，生物が共通の(　5　)から特徴を受け継ぎながら(　6　)してきたためと考えられる。

2 次の(1)～(4)の文のうち，原核細胞のみに当てはまるものにはA，真核細胞のみに当てはまるものにはB，両方に当てはまるものにはCを記せ。

(1) 遺伝物質としてDNAをもつ。

(2) ミトコンドリアや葉緑体などの細胞小器官をもつ。

(3) 核をもたない。

(4) 細胞質の最外層は細胞膜である。

3 次の特徴や働きをもつ細胞小器官や細胞内の構造の名称を答えよ。

(1) 細胞内外への物質の運搬を行う。

(2) 物質の濃度調節と貯蔵を行う。

(3) 染色体を含み，細胞の働きを調節する。

(4) 呼吸の場となる。

(5) 水やタンパク質を含む液状の部分で，さまざまな化学反応の場となる。

4 代謝について，次の文中の(　　)に適切な語を答えよ。

生体で起こる化学反応全体をまとめて(　1　)という。(　1　)には，単純な物質から複雑な物質を合成し，エネルギーの(　2　)を伴う(　3　)と，複雑な物質を単純な物質に分解し，エネルギーの(　4　)を伴う(　5　)に分けられる。(　3　)の代表的な反応は(　6　)で，(　5　)の代表的な反応は(　7　)である。(　1　)に伴うエネルギーの受け渡しには(　8　)が用いられる。

5 酵素について，次の各問いに答えよ。

(1) 反応の前後で自身は変化せず，化学反応を促進する物質を何というか。

(2) 酵素の作用を受ける物質を何というか。

(3) 酵素が特定の物質のみに作用する性質を何というか。

6 光合成と呼吸を表した次の(　　)に適切な語を答えよ。

光合成：(　1　)＋ 水 ＋(　2　)エネルギー ⟶ (　3　)＋ 酸素

呼吸：有機物 ＋(　4　)⟶ 二酸化炭素 ＋(　5　)＋(　6　)

Answer

1 1…細胞　2…DNA　3…生殖　4…エネルギー　5…祖先　6…進化　**2** (1)C　(2)B　(3)A　(4)C
3 (1)細胞膜　(2)液胞　(3)核　(4)ミトコンドリア　(5)細胞質基質　**4** 1…代謝　2…吸収　3…同化
4…放出　5…異化　6…光合成　7…呼吸　8…ATP　**5** (1)触媒　(2)基質　(3)基質特異性
6 1…二酸化炭素　2…光　3…有機物　4…酸素　5，6…水，エネルギー(ATP)(順不同)

例題
解説動画

基本例題1　生物の多様性と共通性

➡基本問題1，2，3，4

すべての生物は，共通祖先から(　1　)したと考えられている。現生の生物たちは，共通祖先から特徴を受け継ぐことで，共通性をもちながら，生活する環境に(　2　)した結果，多様性もみられる。たとえば，細胞に着目すると，すべての生物は細胞からなるという共通性をもつ一方で，$_A$原核細胞と真核細胞があるというように，その構造には多様性がみられる。(　3　)情報に着目すれば，(　3　)物質としてDNAをもつことは共通しているが，種によって(　3　)情報は異なっている。また，生命活動における化学反応である(　4　)を行うことは，すべての生物に共通している。その一方で光合成や呼吸といったように，(　4　)にもさまざまなものがあり，$_B$光合成を行う生物と行わない生物に分かれるなど，多様性がみられる。

(1)　文中の空欄に適切な語を答えよ。

(2)　下線部Aについて，次の①～④のなかから，原核細胞からなるものをすべて選べ。

①　大腸菌　　②　ユレモ　　③　ゾウリムシ　　④　ノロウイルス

(3)　下線部Bについて，次の①～④のなかから，光合成を行うものをすべて選べ。

①　酵母　　②　ネンジュモ　　③　ミドリムシ　　④　マイコプラズマ

考え方　(1)生物は，共通祖先から一部の特徴を受け継ぎながら進化したと考えられており，これが共通性の由来と考えられている。(2)大腸菌は細菌であり，ユレモはシアノバクテリア(光合成を行う細菌)の一種である。ゾウリムシは真核生物で，ウイルスは通常生物とはみなされない。(3)ネンジュモはシアノバクテリアの一種で，光合成を行う。マイコプラズマは最小の生物といわれる細菌で，光合成は行わない。

解答
(1)1…進化　2…適応
3…遺伝　4…代謝
(2)①，②
(3)②，③

基本例題2　細胞の構造

➡基本問題5

右図は，動物細胞の模式図である。

(1)　図中A～Dの構造や部分の名称を答えよ。

(2)　動物細胞にはないが，植物細胞にはみられる細胞小器官や細胞の構造を2つ挙げよ。

(3)　細胞小器官のうち，植物細胞では大きく発達し，動物細胞では植物細胞ほど発達しないものを1つ挙げよ。

(4)　Cの最外層である膜の名称を答えよ。

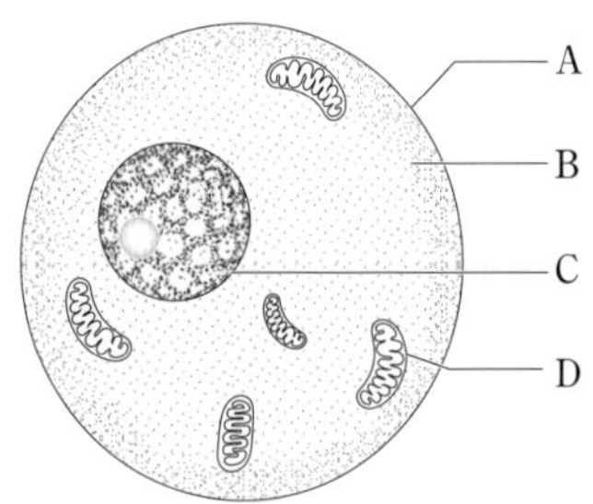

考え方　(2)葉緑体は植物や藻類といった光合成を行う真核生物の細胞に特有な細胞小器官で，細胞壁は菌類・細菌の細胞にも存在するが，動物細胞には存在しない。(4)核の内部は，核膜によって細胞質と隔てられ，そこにはDNAを含む染色体が収められている。

解答　(1)A…細胞膜
B…細胞質基質　C…核
D…ミトコンドリア
(2)葉緑体　細胞壁
(3)液胞　(4)核膜

基本例題3　ミクロメーターの使用法

➡基本問題 9

右図は，対物ミクロメーターを用いて，接眼ミクロメーター1目盛りの長さを測定しているときのようすである。

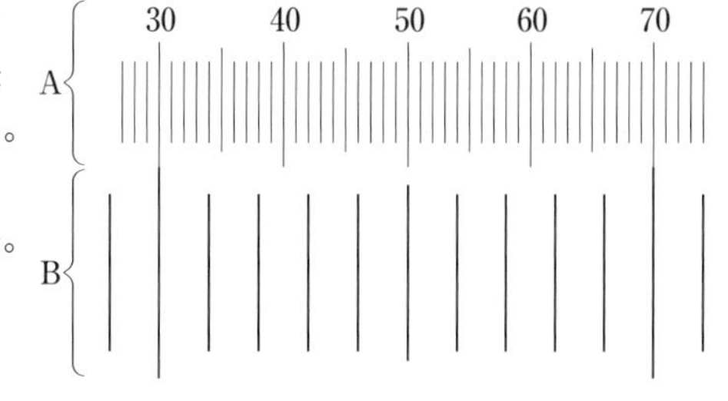

(1)　図のAとBの目盛りのうち，どちらが対物ミクロメーターの目盛りか。

(2)　対物ミクロメーターの目盛りは，1 mm を100等分したものである。1目盛りの長さは何 μm か。

(3)　図のように2つのミクロメーターの目盛りが，平行になるように調節した。この倍率における接眼ミクロメーター1目盛りの長さは何 μm か。

(4)　(3)の観察像が40倍の対物レンズを使用したときのものだとすると，10倍の対物レンズに切り替えたとき，接眼ミクロメーター1目盛りの長さは何 μm になるか。

(5)　(3)の倍率で，接眼ミクロメーター15目盛りに相当する細胞の長さは何 μm か。

考え方　(1)目盛りに数字が書いてある方が接眼ミクロメーターである。(2)1 mm は 1000 μm である。(3)対物ミクロメーター5目盛りが接眼ミクロメーター20目盛りと一致しているので，(5×10)÷20＝2.5(μm)となる。(4)倍率が 1/4 になると，視野中の長さは4倍となる。なお，実際に観察をする際は，ふつう，レンズの倍率は低いものから先に使用する。(5)接眼ミクロメーター1目盛りが 2.5 μm を表すので，2.5×15＝37.5(μm)となる。

解 答　(1)B　(2)10 μm　(3)2.5 μm　(4)10 μm　(5)37.5 μm

基本例題4　代謝と ATP

➡基本問題 11，12

(1)　代謝に関する記述として最も適当なものを，次の①～④のなかから1つ選べ。

①　従属栄養生物は，同化を行うことはできず，異化のみを行う。
②　独立栄養生物は，同化によって有機物を生成するが，異化は行わない。
③　同化では単純な化合物から複雑な物質が合成され，エネルギーが吸収される。
④　異化では複雑な化合物が単純な物質に分解され，エネルギーが吸収される。

(2)　ATP に関する記述として最も適当なものを，次の①～③のなかから1つ選べ。

①　ATP は，アデニンにリン酸が3つ結合した化合物である。
②　ATP からリン酸1分子を切り離すと ADP となる。
③　ATP は，高エネルギーリン酸結合を3つもつ。

考え方　(1)①従属栄養生物は無機物から有機物の合成はできないが，アミノ酸からタンパク質を合成するなど，二次同化と呼ばれる反応を行う。②独立栄養生物も異化の代表的な反応である呼吸を行う。④異化はエネルギーの放出を伴う反応である。(2)①ATP は，アデノシン三リン酸で，アデニンとリボースが結合したアデノシンのリボースの部分に，リン酸3分子が結合している。③ATP 中のリン酸どうしの結合なので，2つである。

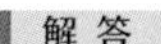
解 答　(1)③　(2)②

基本問題

知識
☐**1. 生物の多様性** ●次の文を読み，以下の各問いに答えよ。

地球上にはさまざまな環境があり，多種多様な生物が生息している。生物分類の基本単位である種で見ると，名前のつけられているものだけで約(　A　)万種あり，名前がつけられていない種を含めると，約(　B　)万種にものぼると考えられている。名前がつけられているもののなかで，最も種数が多いのは(　C　)のなかまで，次に多いのは植物のなかまである。

問1．下線部に関して，「種」の定義を簡潔に説明せよ。

問2．空欄A・Bに当てはまる適切な数値を次の①～⑥のなかから選べ。

① 10　② 19　③ 100　④ 190　⑤ 数百　⑥ 数千

問3．空欄Cに当てはまる適切な語を次の①～④のなかから選べ。

① 藻類　② 菌類　③ 脊椎動物　④ 無脊椎動物

知識
☐**2. 生物の共通性** ●次の文章を読み，以下の各問いに答えよ。

すべての生物のからだは(　1　)を構造・機能上の単位としている。(　1　)の最外層は(　2　)である。また，生物は(　3　)を利用して生命活動を行っており，(　4　)を分解し，その過程で発生する(　3　)を得ている。

生物は自分と同じような新個体をふやす(　5　)を行う。その過程で，遺伝情報を保持する(　6　)が，親から子に受け継がれる。

問1．文中の(　1　)～(　6　)に適切な語を入れよ。

問2．すべての生物に共通する特徴がある理由として，合理的な考えを簡潔に述べよ。

問3．生物に共通する特徴のうち，ウイルスにも共通する特徴を答えよ。

問4．生物に共通する特徴のうち，ウイルスにはない特徴を1つ答えよ。

知識
☐**3. 生物の特徴と進化** ●図は，動物の進化してきた道筋を樹形に表現したものである。以下の各問いに答えよ。

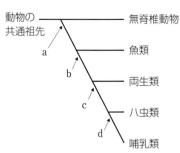

問1．進化を通じ，生物の形態や機能が，生活する環境に適するようになることを何というか。

問2．生物が進化してきた道筋のことを何というか。

問3．右図のように，進化の道筋を樹形に表した図を何というか。

問4．図のa～dの位置で現れたと考えられる特徴を，次の①～④のなかから選び，それぞれ番号で答えよ。

① 胎生である　② 四肢をもつ　③ 生涯肺呼吸をする　④ 脊椎をもつ

問5．両生類と哺乳類に共通する特徴を，問4の選択肢のなかからすべて選び，番号で答えよ。

知識

☐**4. 原核細胞** 図は，原核細胞を模式的に表したものである。以下の各問いに答えよ。

問１．図中の１～６に示された構造や，部分の名称を答えよ。

問２．原核細胞と真核細胞のうち，進化の過程で後に出現したのはどちらと考えられるか答えよ。また，その理由も述べよ。

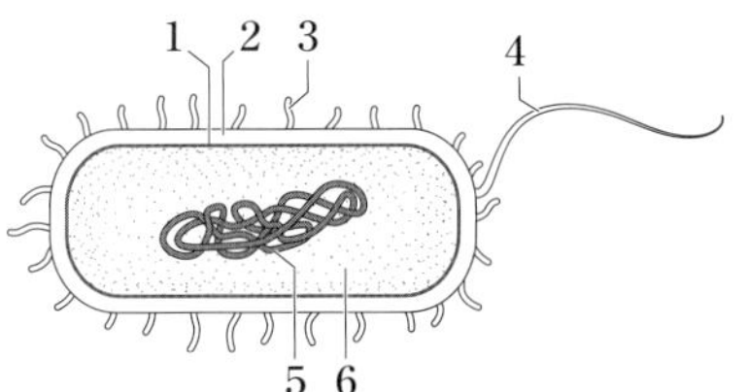

問３．以下の①～⑤から原核生物をすべて選べ。

① 乳酸菌　② 酵母　③ イシクラゲ

④ アナアオサ　⑤ 大腸菌

知識

☐**5. 細胞の構造** 図は，電子顕微鏡で観察した細胞の模式図である。以下の各問いに答えよ。

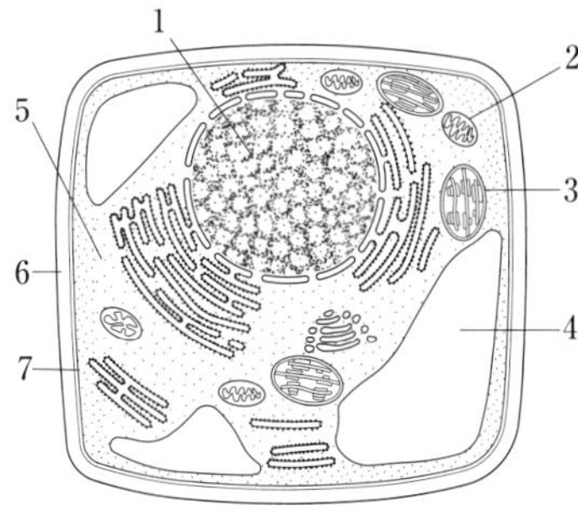

問１．図は，動物細胞と植物細胞のどちらを観察して描かれたものか答えよ。また，判断した理由も述べよ。

問２．図中１～４の細胞小器官の名称と，５～７の部分の名称を答えよ。

問３．以下のア～キの働きは，細胞のどの部分で行われているか。図中の番号で答えよ。

ア．液状でさまざまな化学反応の場となる。

イ．細胞の呼吸の場となる。

ウ．光合成の場となる。

エ．細胞内外への物質の運搬を行い，物質の出入りを調節する。

オ．染色体を含み，細胞の働きを調節する。

カ．物質の濃度調節や貯蔵を行う。

キ．細胞を強固にし，形態の保持に関わる。

問４．図中１～７のなかから，大腸菌にも共通するものをすべて選び，番号で答えよ。

問５．図中１～７のなかから，二重膜構造をもつものをすべて選び，番号で答えよ。

知識 発展

☐**6. 真核細胞の共通性と多様性** 次の文に示す細胞構造の名称を記し，主に植物細胞でみられるものはA，主に動物細胞でみられるものはB，共通するものはCを記せ。

(1) 扁平な袋が重なった構造で，物質の輸送や分泌に重要な役割を担う。

(2) DNAとタンパク質からなる染色体を含み，細胞の働きを調節する。

(3) ２個の中心小体からなり，細胞分裂などに関与する。

(4) 二重膜構造でクロロフィルなどの光合成色素を含み，光合成の場となる。

(5) 膜構造をしており，合成されたタンパク質の移動経路などとなる。

(6) 細胞を強固にし，形を維持する。

知識

☐7. 細胞の研究史

●次の文を読み，空欄に適切な人名や語を入れよ。

イギリスの(　1　)は自作の顕微鏡でコルクの薄片を観察し，内部に多くの中空構造があることを発見し，Cell(細胞)と呼んだ。しかし，(　1　)が観察した構造は，死んで内容物を失った植物細胞の(　2　)であった。生きた細胞は，オランダの(　3　)によってはじめて観察された。その後，「生物のからだは細胞でできている」という細胞説を，(　4　)が植物について，(　5　)が動物について提唱した。さらに，(　6　)が，「すべての細胞は細胞から生じる」という説を提唱し，しだいに細胞が生物の構造・機能の基本単位であるという認識が広まっていった。

知識　実験・観察

☐8. 顕微鏡の使用法

●図は，光学顕微鏡と観察のようすを模式的に示したものである。

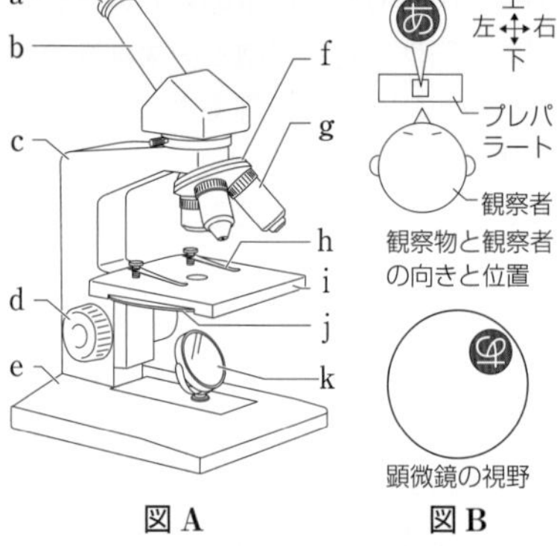

図A　図B

問1．図Aのa～kの名称を答えよ。

問2．顕微鏡観察の手順を示した以下の①～⑦を正しい順に並びかえよ。

① 反射鏡を用いて視野の明るさを調節する。
② 対物レンズを取り付ける。
③ 接眼レンズを取り付ける。
④ プレパラートをステージにのせる。
⑤ しぼりを調節し，観察対象の輪郭が明瞭になるようにする。
⑥ 横から見ながらプレパラートと対物レンズを近づける。
⑦ 接眼レンズをのぞき，プレパラートと対物レンズを遠ざけ，ピントを合わせる。

問3．図Bにおいて，視野の右上にある像を視野の中央に移動させるには，観察者はプレパラートをどの方向に動かしたらよいか。

問4．観察の際，低倍率のレンズを先に用いる利点を簡潔に述べよ。

思考　実験・観察　計算

☐9. ミクロメーターによる測定

●ある細胞の大きさを調べるため，まず，接眼レンズに接眼ミクロメーターを入れ，ステージ上の対物ミクロメーターにピントを合わせた(図A)。次に，調べたい細胞を封入したプレパラートに変え，接眼ミクロメーターを用いて細胞を観察した。しかし，図Aの倍率では，視野内の細胞が小さかったため，対物レンズを変えて倍率を2倍上げた(図B)。以下の各問いに答えよ。

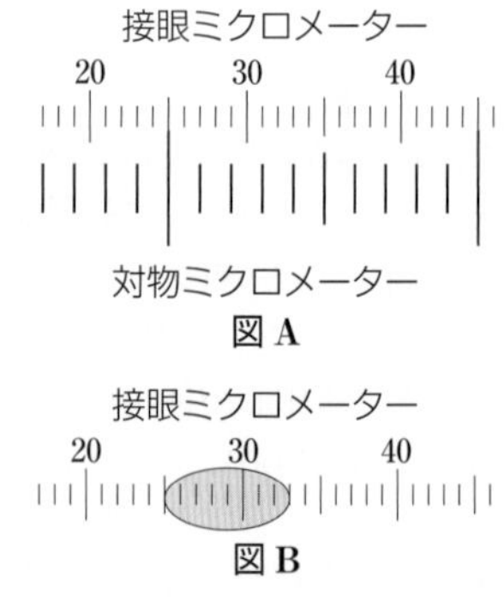

図A
図B

問1．試料を対物ミクロメーター上に直接置いて観察しない理由を1つ，簡潔に述べよ。

問2．図Aにおいて，接眼ミクロメーター1目盛りの長さは何 μm か。

問3．図Bにおいて，細胞の長さは何 μm か。

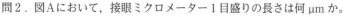

知識

☐10. 細胞の大きさ

●いろいろな細胞や物質の大きさについて，下の各問いに答えよ。

1000µm (1 mm)　100µm　10µm　1µm (1000nm)　0.1µm　0.01µm　0.001µm (1 nm)　0.0001µm

ア　イ　ウ　エ　オ　カ　キ　ク

問1．肉眼，光学顕微鏡，電子顕微鏡の分解能に最も近いものを，図のア～クのなかから，それぞれ選べ。

問2．次の細胞や物質の大きさに最も近いものを，図のア～クのなかから，それぞれ選べ。

①　インフルエンザウイルス　　②　大腸菌　　③　ゾウリムシ　　④　ヒトの精子

知識

☐11. 代謝

●次の文を読み，以下の各問いに答えよ。

生体内で起こる化学反応全体を総称して（　1　）という。（　1　）には，単純な物質から複雑な物質を合成する（　2　）と，複雑な物質を単純な物質に分解する（　3　）がある。生物には，外界から取り入れた無機物のみから有機物を合成できる（　4　）と，無機物から有機物を合成できず，（　4　）が合成した有機物を直接，または間接的に取り入れて生活する（　5　）が存在する。

問1．文中の空欄に適切な語を入れよ。

問2．次の①～⑤の反応のうち，（　2　）にあたるものはどれか。また，（　3　）にあたるものはどれか。それぞれについて，当てはまるものをすべて選び，番号で答えよ。

①　光合成　　②　呼吸　　③　アミノ酸を多数結合してタンパク質をつくる

④　グリコーゲンが分解されてグルコースが生じる

⑤　多数のグルコースを結合してデンプンをつくる

知識　計算

☐12. ATPの構造と機能

●右図はATPの構造を模式的に示したものである。以下の各問いに答えよ。

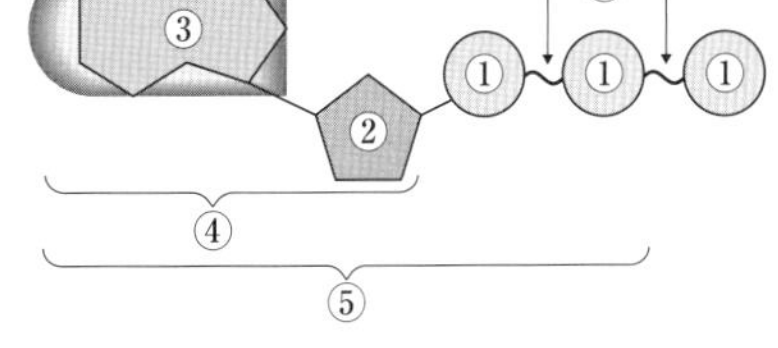

問1．図中の①～⑤の物質と，⑥の結合の名称を答えよ。ただし，⑤の名称は略さずに記せ。

問2．次の生命現象のうち，ATPの合成や分解が直接関与しないものを1つ選べ。

ア．光合成　　イ．呼吸　　ウ．筋収縮　　エ．アミラーゼによるデンプンの分解

オ．ホタルの発光

問3．一般に，ヒトの細胞1個当たり，0.00084ng(1ng=0.000001mg)のATPが含まれているが，1日に消費される量は細胞1個当たり約0.83ngである。

(1)　1人のヒトのからだが，37兆個の細胞でできているとすると，1日に何kgのATPが消費されていることになるか。小数第1位を四捨五入し，整数で答えよ。

(2)　細胞内外でATPの出入りがないものとすると，細胞は，どのようにして保持量の約1000倍ものATP消費をまかなっていると考えられるか答えよ。

知識

☐13. 光合成と呼吸 ●次の文中の空欄に適切な語を入れよ。

生物が(　1　)を吸収して有機物を合成する反応を炭酸同化といい，炭酸同化のうち，(　2　)を用いるものを光合成という。植物は，細胞小器官の1つである(　3　)で光合成を行う。光合成では，(　2　)によって(　4　)が合成される。この(　4　)を用いて炭水化物などの有機物がつくられる。

(　5　)を用いてグルコースなどの有機物を分解し，生命活動に必要な(　4　)を合成する反応を呼吸という。呼吸によってグルコースが分解されると，(　1　)と(　6　)が生じる。

知識

☐14. 酵素の特徴 ●次の文中の空欄に適切な語を記入し，以下の各問いに答えよ。

酵素は，(　　　)を主成分とする触媒で，①特定の物質とのみ結合して化学反応を促進する。②反応の前後で，酵素自体は変化しない。また，通常，代謝は③複数の化学反応が連続して進行し，一連の反応にはこれらを促進する酵素が，それぞれに存在する。

問1．下線部①の特定の物質のことを何というか。また，下線部①が示す性質のことを何というか。

問2．下線部②の性質によって，酵素はどのようなことが可能になるか答えよ。

問3．下線部③について，代謝において，どのようにして順を追った一連の反応が起こるのかを簡潔に述べよ。

思考　発展　実験・観察

☐15. カタラーゼの働き ●太郎くんは，カタラーゼが37℃，pH 7で活性があることを学習した。その後，酵素と無機触媒に対する温度やpHの影響を比較するため，8本の試験管に5mLの3％過酸化水素水を入れ，下表のように条件を変えて気体発生のようすを確認した。なお，表の温度は，試料が入った試験管を，湯煎もしくは水冷して保った温度を示している。各物質について，表中の＋，－は添加の有無を意味し，添加した量は等しいものとする。以下の各問いに答えよ。

試験管	A	B	C	D	E	F	G	H
温度	37℃	37℃	37℃	37℃	4℃	4℃	95℃	95℃
pH	7	7	2	2	7	7	7	7
MnO_2	＋	－	＋	－	＋	－	＋	－
肝臓片	－	＋	－	＋	－	＋	－	＋

問1．表に示された実験だけでは，正しい結論を導くことができない。どのような実験を加える必要があるか。

問2．試験管A，Bでは，短時間で同程度の気体の発生が認められた。試験管C～Hのうち，試験管A，Bと同程度に気体が発生すると予想されるものをすべて答えよ。

問3．酵素に最適温度や最適pHが存在し，MnO_2にはそれらがないことを考察するためには，どの試験管の結果を用いる必要があるか。最適温度と最適pHのそれぞれについて，考察に必要な試験管をすべて挙げよ。

思考例題 ❶ 細胞の特徴を整理する

課題

右の表は，さまざまな細胞を観察し，その細胞を構成する構造体の有無を調べた結果である。ア～オは，ヒトの赤血球，ヒトの肝細胞，オオカナダモの細胞，ミドリムシ，イシクラゲの細胞のいずれかであり，構造体ⅰ～ⅴは，DNA，細胞膜，細胞壁，葉緑体，鞭毛のいずれかの構造体を表している。なお，表中において，存在する構造体については＋，存在が確認できない構造体については－で示してある。また，ミドリムシは細胞壁をもたず，ヒトの赤血球は核をもたないことが知られている。

	構造体ⅰ	構造体ⅱ	構造体ⅲ	構造体ⅳ	構造体ⅴ
ア	＋	＋	＋	＋	－
イ	＋	＋	＋	－	＋
ウ	＋	＋	－	＋	－
エ	＋	＋	－	－	－
オ	＋	－	－	－	－

問．表中のウに入る細胞として最も適当なものを，次のa～eのなかから1つ選べ。

a．ヒトの赤血球　b．ヒトの肝細胞　c．オオカナダモの細胞
d．ミドリムシ　e．イシクラゲの細胞

（20．大阪医科薬科大改題）

指針 ア～オの細胞の特徴に着目しつつ，ⅰ～ⅴに当てはまる構造体にも着目し，共通性から条件を整理していく。

次のStep 1～3は，課題を解く手順の例である。空欄を埋めてその手順を確認せよ。

Step 1 細胞の特徴に着目する

問題に挙げられた細胞のうち，原核細胞は(　1　)の細胞のみである。動物細胞はヒトの肝細胞と赤血球であるが，ヒトの赤血球は核がないことから，DNAをもたないことがわかる。また，オオカナダモの細胞とミドリムシは，(　2　)をもつ。

Step 2 構造体ⅰ～ⅴを検討する

すべての細胞に共通する構造体ⅰは(　3　)である。また，ヒトの赤血球を除いて，DNAは共通して存在する。したがって，構造体ⅱはDNAである。細胞壁をもつ生物は，イシクラゲと(　4　)の2つであることから，構造体ⅲとⅳのいずれかが細胞壁で，もう一方は葉緑体である。鞭毛をもつ細胞は(　5　)のみであることから，構造体ⅴは鞭毛である。

Step 3 条件を整理する

条件をまとめると，イには(　5　)が当てはまり，構造体ⅲが(　2　)で，構造体ⅳが(　6　)であることがわかる。したがって，ウは細胞壁をもち，(　2　)をもたない(　1　)である。なお，アはオオカナダモの細胞，エはヒトの肝細胞，オはヒトの赤血球であることがわかる。

Stepの解答 1…イシクラゲ　2…葉緑体　3…細胞膜　4…オオカナダモ　5…ミドリムシ　6…細胞壁

課題の解答 e

例題
解説動画

発展例題1　細胞の種類と構造　発展

➡発展問題 16

ヒトの体は数十兆個の細胞よりできており，上皮細胞，神経細胞，筋細胞など，その種類は［　1　］種類にもなるといわれている。①細胞には役割に応じてさまざまな形や大きさがある。

生体膜は，リン脂質とタンパク質を主成分とする膜であり，②核膜や細胞膜をはじめ，多くの③細胞小器官に存在する。細胞は，細胞膜によって外界と仕切られており，細胞外から必要な物質を取り込んだり，細胞内の不要な物質を排出したりして，物質の出入りを調節している。

問1．文章中の［　1　］に最も適当な数字を以下のア～オのなかから1つ選び，記号で答えよ。

ア．20　　イ．200　　ウ．2000　　エ．20000　　オ．200000

問2．下線部①について，下図におけるA～Dの大きさに最も近い細胞などを，以下のア～カのなかから1つ選び，それぞれ記号で答えよ。

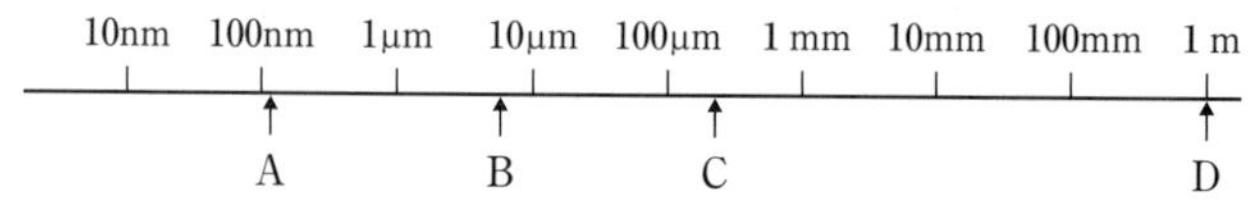

図　細胞などの大きさ

ア．インフルエンザウイルス　　イ．ゾウリムシ　　ウ．ダチョウの卵(卵黄)
エ．ニワトリの卵(卵黄)　　オ．ヒト座骨神経の神経細胞　　カ．ヒトの赤血球

問3．下線部②について，核の外膜の一部とつながった袋状，管状の構造をもつ細胞小器官は何か，その名称を記せ。

問4．下線部③について，動物細胞になく植物細胞にみられる細胞小器官は何か，その名称を記せ。

（20．長崎大改題）

解答

問1．イ　　問2．A…ア　B…カ　C…イ　D…オ　　問3．小胞体　　問4．葉緑体

解説

問1．ヒトの体内には約200種，37兆個程度の細胞が存在すると考えられている。

問2．インフルエンザウイルスは約100nm，ゾウリムシは約200µm，ダチョウの卵黄は約75mm，ニワトリの卵黄は約30mm，ヒト座骨神経の神経細胞は1m以上，ヒトの赤血球は約8µmである。

問3．小胞体は一重の袋状，管状の構造で，細胞質内に広がり，一部は核膜とつながっている。物質の輸送路などになる。観察には電子顕微鏡が必要である。

問4．植物細胞で観察される特徴的な細胞構造には，発達した液胞や細胞壁，色素体がある。葉緑体は色素体の一種で，光合成を行う細胞小器官である。なお，液胞は発達しないが動物細胞にも存在し，細胞壁は動物細胞にはみられないが細胞小器官ではない。

発展問題

思考

16. 生物の特徴と細胞の構造・大きさ ■次の文章を読み，以下の各問いに答えよ。

地球上には数多くの生物種が存在するが，それらがもつ構造や働きには共通の特徴がある。すべての生物は細胞からなり，1つの細胞からなる(　a　)と多数の細胞からなる(　b　)が存在する。生物は生命活動のためにエネルギーを利用してさまざまな物質の合成・分解を行う。また，自分とほぼ同じ形質を子孫に伝えていくため，(　c　)という遺伝物質をもつ。この(　c　)の遺伝情報から生物の形質を形づくる物質であるタンパク質が合成される。

試料A～Cの細胞の構造および構造体を調べたところ，右表のとおりとなった。表中の○は存在することを，×は存在しないことを示している。

	A	B	C
核	(ア)	○	×
細胞壁	(イ)	○	○
(ウ)	○	○	○
(エ)	○	○	×
(オ)	×	○	×

問1．文章中の(　a　)～(　c　)に当てはまる語をそれぞれ答えよ。

問2．下線部のことを何というか答えよ。

問3．表中のA～Cに当てはまる試料を下の①～③からそれぞれ1つずつ選べ。

① ホウレンソウの葉　② マウスの肝臓　③ 乳酸菌

問4．表中の(ア)・(イ)に当てはまる○または×を答えよ。

問5．表中の(ウ)～(オ)に当てはまる構造または構造体を下の①～③からそれぞれ1つずつ選べ。

① 葉緑体　② 細胞膜　③ ミトコンドリア

問6．葉緑体の特徴として当てはまるものを下の①～⑤からすべて選べ。

① 球形または円柱形をしているものが多い。　② クロロフィルを含む。

③ 光合成を行う。　④ 呼吸によってエネルギーを取り出す。

⑤ 凸レンズ型をしているものが多い。

問7．次の図はさまざまな細胞やウイルスの大きさと，肉眼・光学顕微鏡・電子顕微鏡で観察できる限界(分解能)のおおよその値を示している。下の(1)～(3)の大きさを図中のD～Gからそれぞれ1つずつ選べ。

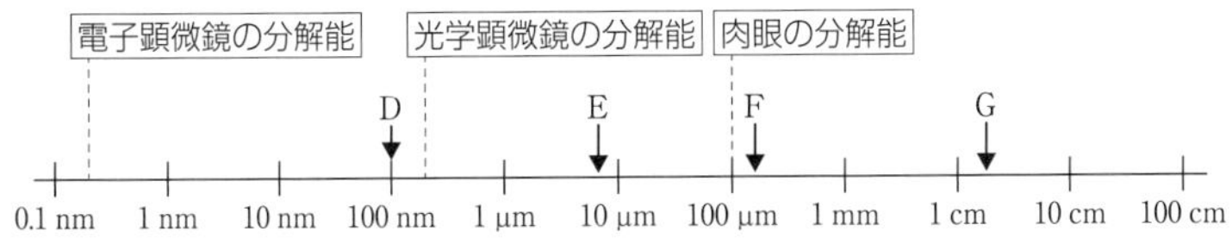

(1) ゾウリムシ　(2) ヒト免疫不全ウイルス(HIV)　(3) ヒトの赤血球

(23．広島女学院大改題)

ヒント

問3．核や細胞壁の有無に着目する。

問5．すべての細胞がもつ構造や，試料Bのみがもつ構造体に着目する。

思考 論述

☐17. 光合成と呼吸

■次の図は光合成と呼吸の概略図である。下の各問いに答えよ。

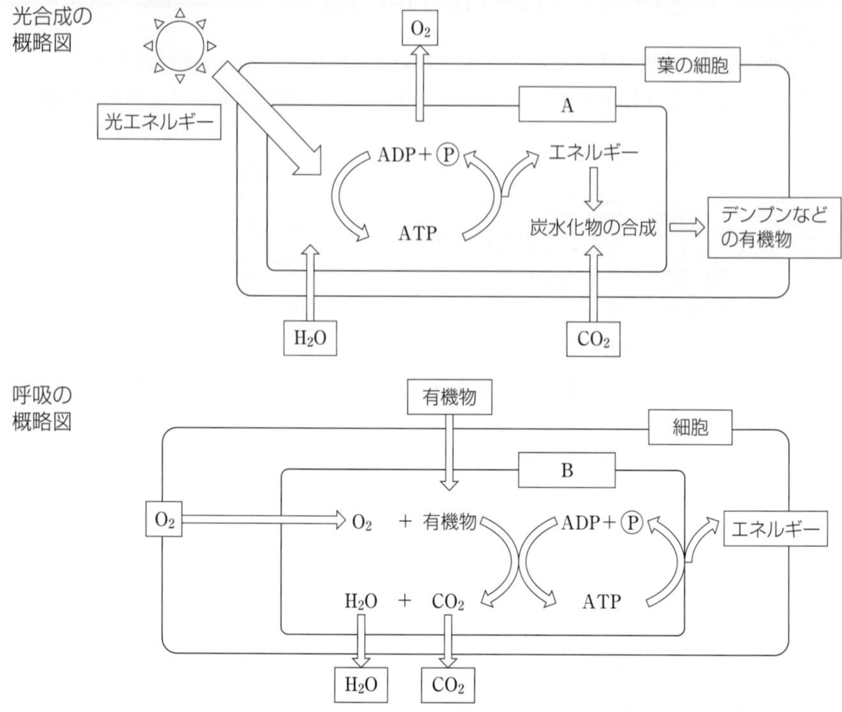

問１．光合成の概略図中の［　A　］と，呼吸の概略図中の［　B　］に入る適切な細胞小器官の名称をそれぞれ答えよ。

問２．植物の葉において，CO_2，O_2，H_2O の出入りの調節に大きな役割を果たしている構造の名称を記せ。

問３．多くの生物が呼吸の際に主に分解する糖の名称を答えよ。

問４．光合成や呼吸において，ATP はエネルギー移動の仲立ちをしており，生物におけるエネルギーの通貨に例えられる。ATP がエネルギー移動の仲立ちを行う機構を，「高エネルギーリン酸結合」という用語を用いて100字程度で説明せよ。

問５．植物が光合成によって生産した有機物は，大きく分けて２つの目的のために植物自身が利用している。その２つをそれぞれ記せ。

問６．呼吸と燃焼は，酸素の存在下で有機物を分解してエネルギーを取り出す点は似ているが，大きく異なっている点がある。呼吸と燃焼の違いを，「エネルギー」，「熱」，「ATP」の３つの用語を用いて100字程度で説明せよ。

（石川県立大改題）

ヒント

問６．エネルギーを取り出す過程の違いについて考える。

思考 発展

18. 細胞・酵素 ■細胞と酵素に関する以下の各問いに答えよ。

問1．以下にあげる細胞や構造体を，大きいものから小さいものへと順に並べよ。

① T_2ファージ(バクテリオファージ)　② 大腸菌(長径)

③ ヒトの精子(全長)　④ ヒトの赤血球(直径)　⑤ ヒトの卵

問2．ミトコンドリアに関する記述として適切なものをすべて選べ。

① クロロフィルを含む　② 光合成を行う　③ 酵母には存在しない

④ 真核細胞に異種の真核生物が入り込み共生したものが起源であると考えられている

⑤ 内部にDNAを含む　⑥ ネンジュモには存在しない

問3．ヒトの消化酵素の反応についての次の文を読み，以下の問いに答えよ。

(1) 3種類の酵素(だ液アミラーゼ，トリプシン，ペプシン)について，pHと反応速度の関係を調べたところ，図1のような結果が得られた。ペプシンの反応速度を表すグラフとして，最も適切なものを図中a～cのなかから1つ選べ。

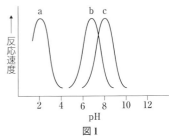

図1

(2) だ液アミラーゼが，デンプンを分解するときの温度と反応速度の関係を調べたところ，図2のような結果が得られた。下記の(a)と(b)に該当する結果として最も適切なものを〔結果〕の選択肢から，考えられる原因として最も適切なものを〔原因〕の選択肢からそれぞれ1つずつ答えよ。なお，(a)と(b)で同じ選択肢を選んで答えてもよい。

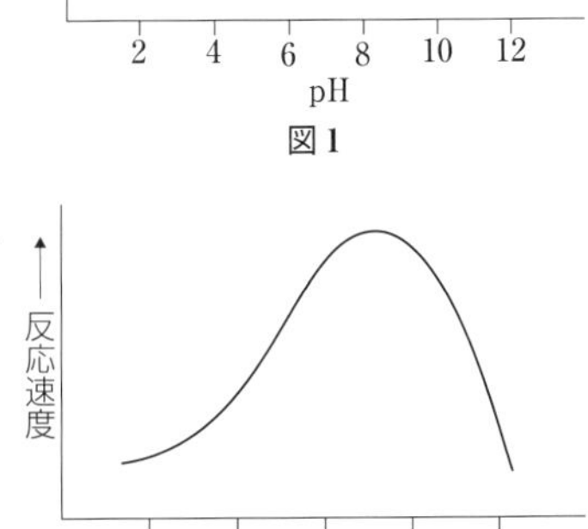

図2

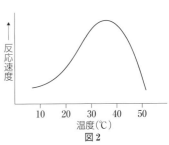

(a) 30℃における反応速度と比較したときの10℃における反応速度

(b) 40℃における反応速度と比較したときの50℃における反応速度

〔結果〕の選択肢

① 大きかった　② 小さかった　③ 変わらなかった

〔原因〕の選択肢

① 酵素が分解して，基質と接触する頻度が増加した。

② 酵素の立体構造が変化して，基質と反応しにくくなった。

③ 酵素の量が減少した。

④ 酵素の量が増加した。

⑤ 反応に関わる分子の運動が促進され，酵素と接触する頻度が増加した。

⑥ 反応に関わる分子の運動が抑制され，酵素と接触する頻度が減少した。

(20．北里大改題)

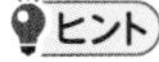

問3．一般的な化学反応の速度と温度との関係および，酵素反応では基質と酵素が結合することを考える。

2 遺伝子とその働き

1 遺伝現象と遺伝子

❶遺伝子の本体－DNA

(a) **染色体と DNA，遺伝子の関係**　体細胞には形と大きさが同じ染色体が 2 本ずつ含まれている。この 2 本ずつ対をなす染色体は**相同染色体**と呼ばれ，それぞれ父親と母親に由来する。ヒトの場合，相同染色体は23対で，合計46本の染色体が存在する。

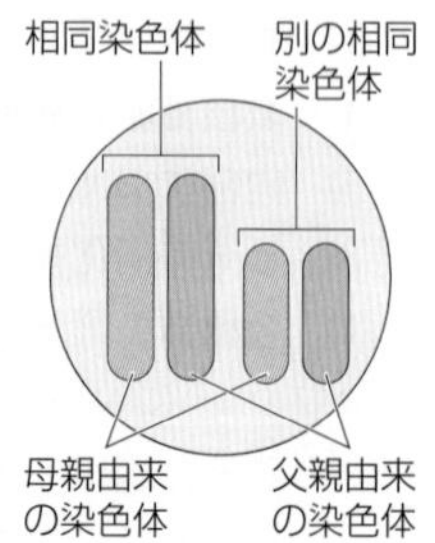

真核生物の染色体は，DNA とタンパク質からなり，核内では糸状になって分散している。DNA の一部が，**遺伝子**としての働きをもち，DNA の特定の位置に存在している。

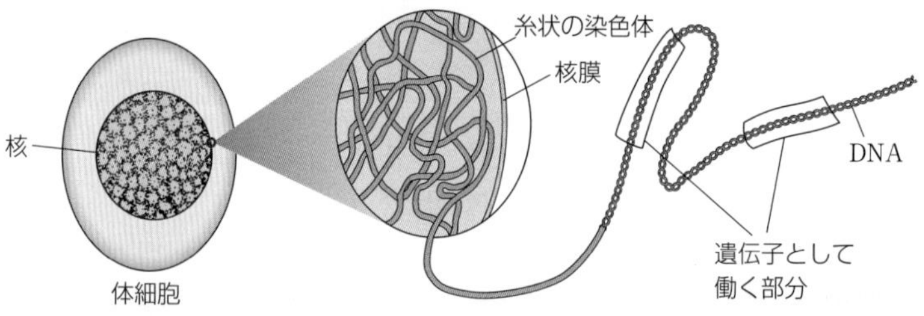

❷DNA（デオキシリボ核酸）の構造

(a) **DNA の構成成分**　DNA は，糖（デオキシリボース）・リン酸および塩基からなる**ヌクレオチド**が多数鎖状に結合した高分子化合物である。DNA のヌクレオチドを構成している塩基には，アデニン(A)，グアニン(G)，シトシン(C)，チミン(T)の 4 種類がある。

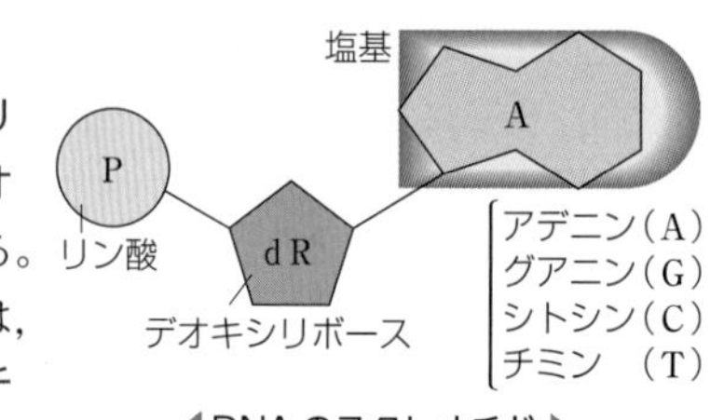

◀ DNA のヌクレオチド ▶

(b) **DNA の二重らせん構造**　DNA 分子は，2 本のヌクレオチド鎖からなり，2 本の鎖は塩基間で水素結合している。これがらせん状にねじれて**二重らせん構造**となる。塩基には相補性があり，アデニンとチミン（**A－T**），グアニンとシトシン（**G－C**）がそれぞれ特異的に結合している。また，ヌクレオチド鎖の塩基配列が遺伝情報となっている。

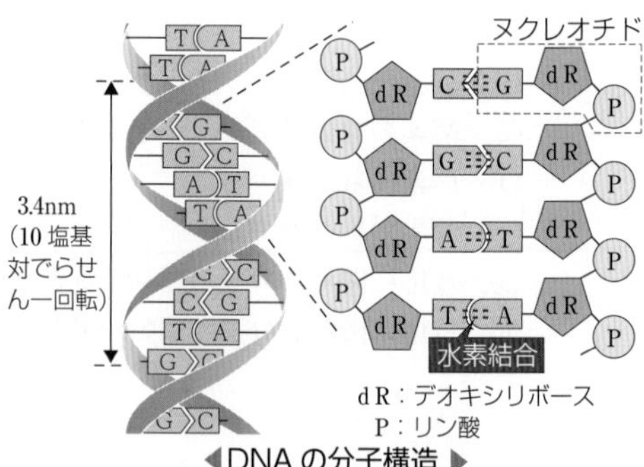

◀ DNA の分子構造 ▶

(c) DNA の研究史

i) 細菌の形質転換 肺炎双球菌(肺炎球菌)には，菌体のまわりにカプセル(鞘)をもつ病原性のＳ型菌と，カプセルをもたない非病原性のＲ型菌がある。1928年，グリフィスは，加熱殺菌したＳ型菌に含まれる物質によって，Ｒ型菌がＳ型菌に変化することを示した。このような現象を**形質転換**と呼ぶ。

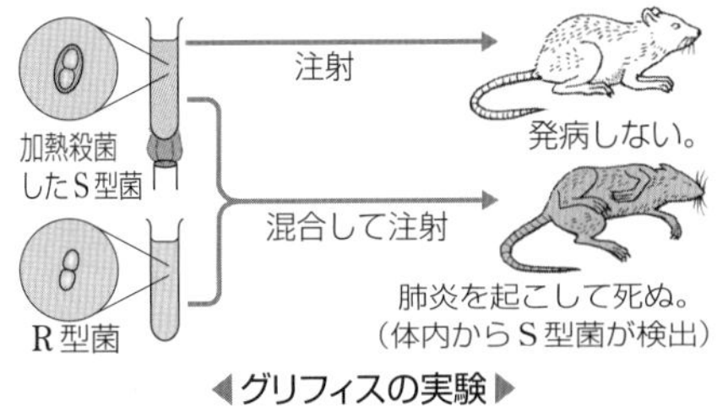

◀グリフィスの実験▶

1944年，エイブリーらは，Ｓ型菌の抽出液をDNA分解酵素で処理すると，Ｒ型菌の生育する培地にそれを混ぜても，形質転換を引き起こさないことを示した。この実験結果は，肺炎双球菌の形質転換の原因物質がDNAであることを示唆した。

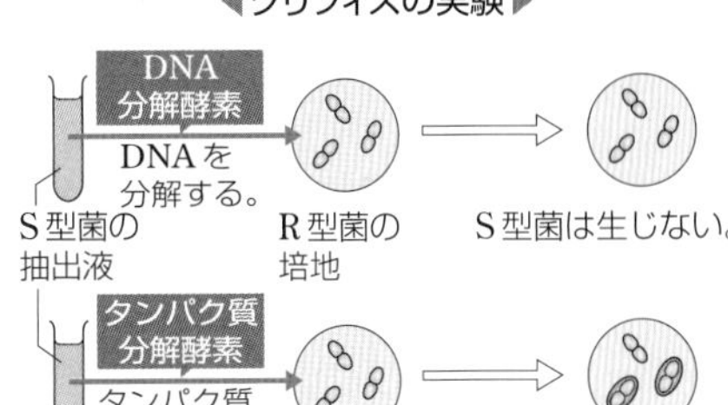

◀エイブリーの実験▶

ii) バクテリオファージの増殖 ハーシーとチェイスは，ファージを構成するDNAと外殻のタンパク質をそれぞれ放射性同位体で標識し，ファージの増殖のしかたを調べた。その結果，遺伝子の本体はDNAであることが明らかになった。

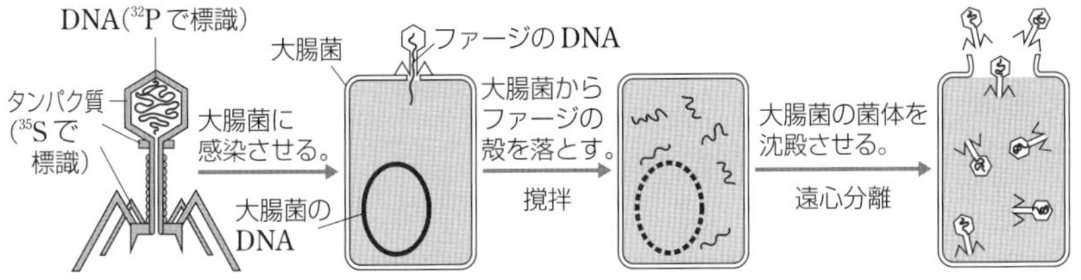

◀バクテリオファージ(T_2ファージ)の増殖▶

iii) シャルガフの研究

シャルガフは，どの生物においても，DNA中のAとT，GとCの数の割合(%)はそれぞれ等しいことを発見した。

生物(塩基の数)	A	T	G	C
ヒト(1.2×10^{10})	30.3	30.3	19.5	19.9
ニワトリ(5.0×10^{9})	28.8	29.2	20.5	21.5
大腸菌(1.0×10^{7})	24.7	23.6	26.0	25.7
T_2ファージ(4.2×10^{5})	32.5	32.6	18.2	16.7

(塩基の数の割合(%))

iv) DNAの分子構造の解明 1953年，ワトソンとクリックは，フランクリンやウィルキンスによるDNAのX線回折像やシャルガフによる塩基組成の分析結果の研究などにもとづいて，DNAの二重らせん構造のモデルを提唱した。

2 遺伝情報の複製と分配

❶遺伝情報の複製

体細胞分裂において，DNA は，母細胞で複製され，2 個の娘細胞に等しく分配される。複製された DNA の塩基配列は，母細胞と同じである。したがって，母細胞と 2 つの娘細胞は，同じ遺伝情報をもつ。

(a) **DNA の半保存的複製** DNA は，片方のヌクレオチド鎖をもとに，もう片方の新たなヌクレオチド鎖が合成されることで複製される。このしくみは，**半保存的複製**と呼ばれ，**メセルソンとスタール**の実験によって明らかにされた。

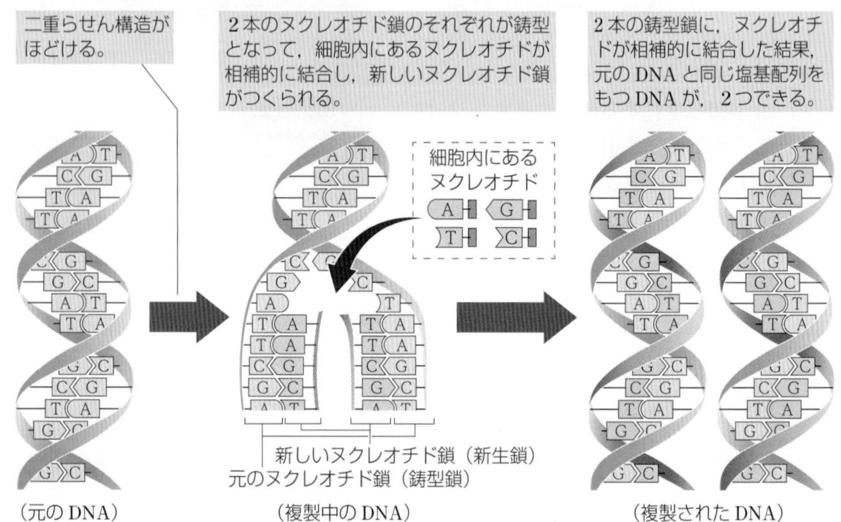

二重らせん構造がほどける。
2 本のヌクレオチド鎖のそれぞれが鋳型となって，細胞内にあるヌクレオチドが相補的に結合し，新しいヌクレオチド鎖がつくられる。
2 本の鋳型鎖に，ヌクレオチドが相補的に結合した結果，元の DNA と同じ塩基配列をもつ DNA が，2 つできる。
細胞内にあるヌクレオチド
新しいヌクレオチド鎖（新生鎖）
元のヌクレオチド鎖（鋳型鎖）
（元の DNA）
（複製中の DNA）
（複製された DNA）

❷細胞周期

細胞分裂を行う細胞では，細胞分裂を行う**分裂期**(**M期**)とそれ以外の時期である**間期**をくり返している。これを**細胞周期**という。

(a) **細胞周期とその長さ** 間期は，**DNA 合成準備期**(**G_1 期**)，**DNA 合成期**(**S 期**)，**分裂準備期**(**G_2 期**)に分けられる。

ある種のヒトの培養細胞の場合，細胞周期は約24時間で，このうち S 期が最も長く，細胞周期の約半分となる10〜12時間を占める。G_1 期は 5 〜 6 時間程度，G_2 期は 4 〜 6 時間程度である。分裂期は約 1 時間である。

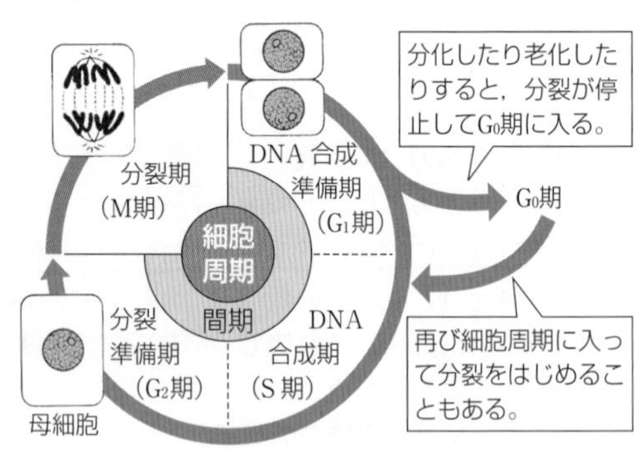

分化したり老化したりすると，分裂が停止してG_0期に入る。
G_0期
再び細胞周期に入って分裂をはじめることもある。
分裂期
(M期)
DNA 合成
準備期
(G_1期)
細胞
周期
間期
分裂
準備期
(G_2期)
DNA
合成期
(S 期)
母細胞

(b) **遺伝情報の分配**　体細胞分裂では，まず，核が二分されて２つの娘核ができる核分裂が起こり，ついで細胞質が二分される細胞質分裂が起こる。これによって，複製されたDNAは，娘細胞に均等に分配される。

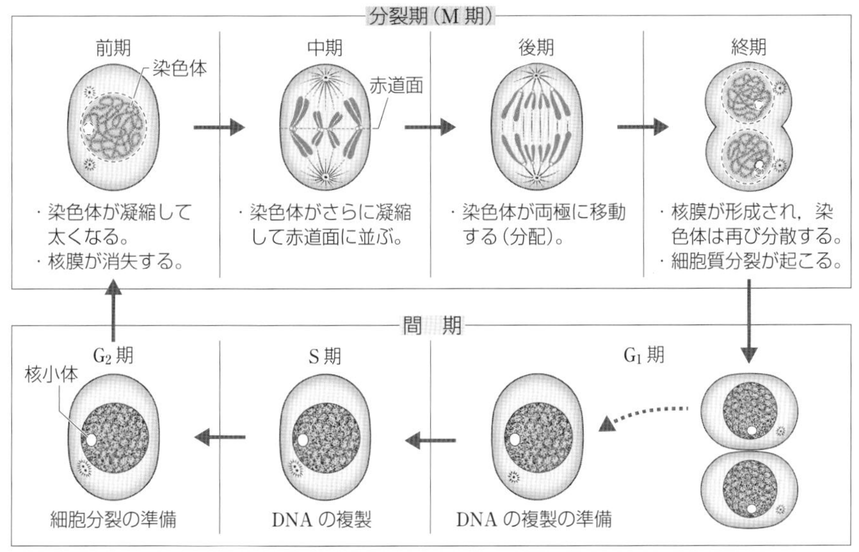

◀体細胞分裂の過程（動物細胞）▶

(c) **DNA量の変化**

分裂直後の娘細胞の細胞当たりのDNA量を基準量としたとき，間期のDNA合成期にDNAが複製されて基準量の２倍となり，分裂期の終期には基準量に戻る。

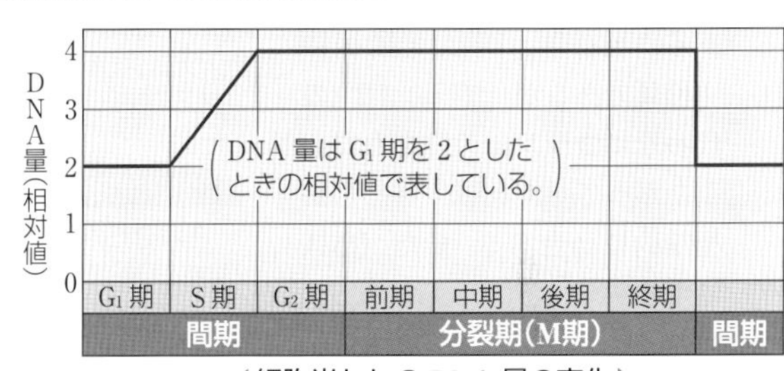

◀細胞当たりのDNA量の変化▶

3 遺伝情報とタンパク質の合成

❶タンパク質

(a) **生体内のタンパク質**　ヒトの体内にあるタンパク質は，からだをつくったり酵素などとして働いたりして，生命活動において重要な役割を担っている。

タンパク質の例：ヘモグロビン（赤血球の成分），コラーゲン（皮膚や骨の成分），
リゾチーム（涙や鼻水に含まれる酵素），各種の酵素の主成分

(b) **タンパク質の構造**　タンパク質は，アミノ酸が多数鎖状に結合してできた高分子化合物である。タンパク質を構成するアミノ酸は**20種類**あり，タンパク質の種類は，構成するアミノ酸の種類や配列順序，総数の違いによって決まる。

発展　ペプチド結合とタンパク質

アミノ酸は，1個の炭素原子にアミノ基($-NH_2$)，カルボキシ基($-COOH$)，水素原子および側鎖(R)が結合したもので，20種類のアミノ酸はそれぞれ特有の側鎖をもつ。

2分子以上のアミノ酸が結合した分子をペプチドといい，多数のアミノ酸が長い鎖状につながった分子をポリペプチドという。隣り合うアミノ酸の間は一方のアミノ酸のアミノ基と他方のアミノ酸のカルボキシ基から，1分子の水が取り除かれて結合する。この結合をペプチド結合といい，このような形式の反応は脱水縮合とよばれる。タンパク質は，ポリペプチドのいろいろな部分が互いに結びついたり，折りたたまれたりして，複雑な立体構造をつくったものである。

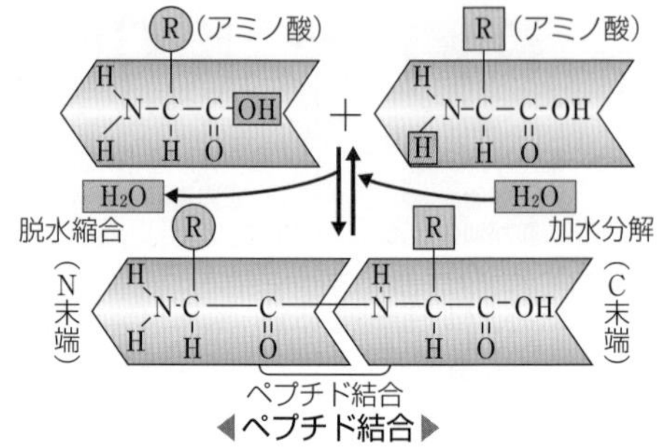

◀ペプチド結合▶

❷遺伝情報とタンパク質　タンパク質はDNAの遺伝情報にもとづいて合成される。

(a)　**RNA**(リボ核酸)　RNAは，DNAの塩基配列を写し取って合成される。RNAのヌクレオチドを構成する糖は**リボース**である。塩基は，DNAと同様に4種類であるが，チミン(T)の代わりに**ウラシル**(U)をもつ。したがって，**AとU，GとC**が相補的に結合する。また，RNAは**1本鎖**である。

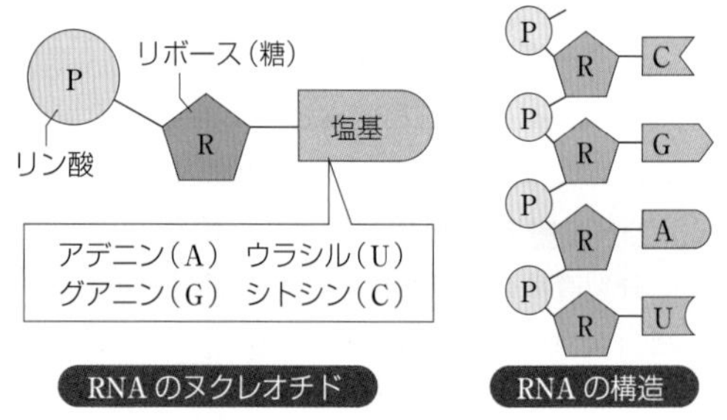

それぞれのヌクレオチドは，DNAのものと同様，糖とリン酸の間の結合でつながっている。

◀DNAとRNAの比較▶

	DNA	RNA		
糖	デオキシリボース	リボース		
塩　基	アデニン(A)　グアニン(G) シトシン(C)　**チミン(T)**	アデニン(A)　グアニン(G) シトシン(C)　**ウラシル(U)**		
分子構造	2本鎖の二重らせん構造	1本鎖		
種　類	——	m(伝令)RNA	t(転移)RNA	rRNA
所　在	核(染色体)，葉緑体，ミトコンドリア	核，細胞質基質		リボソーム
働　き	遺伝子(遺伝情報の本体)	遺伝情報の転写	アミノ酸の運搬	タンパク質合成の場

(b) **遺伝情報とその発現**　DNAの塩基配列にもとづいてRNAが合成されたり，タンパク質が合成されたりすることを，**遺伝子の発現**という。

(c) **セントラルドグマ**　生物のもつ遺伝情報はDNA→RNA→タンパク質へと一方向に流れる。この原則を**セントラルドグマ**という。

(d) **転写と翻訳**

転写　DNAの2本鎖の一部がほどけ，遺伝情報となる一方の鎖のA，T，G，Cの塩基に，それぞれ相補的なRNAのヌクレオチドのU，A，C，Gの塩基が結合する。これらのヌクレオチドがつながって，DNAの塩基配列を正確に写し取ったRNAが合成される。このRNAは**mRNA**(**伝令RNA**)と呼ばれる。RNAが合成される過程を**転写**という。

翻訳　mRNAは，核内から細胞質基質に出て，タンパク質合成の場であるリボソームと結合する。mRNAは，塩基3つの並びで，1つのアミノ酸を指定している。このmRNAの3塩基の並び(トリプレット)を**コドン**という。**tRNA**(**転移RNA**)は，コドンと相補的に結合する配列をもち，これを**アンチコドン**という。

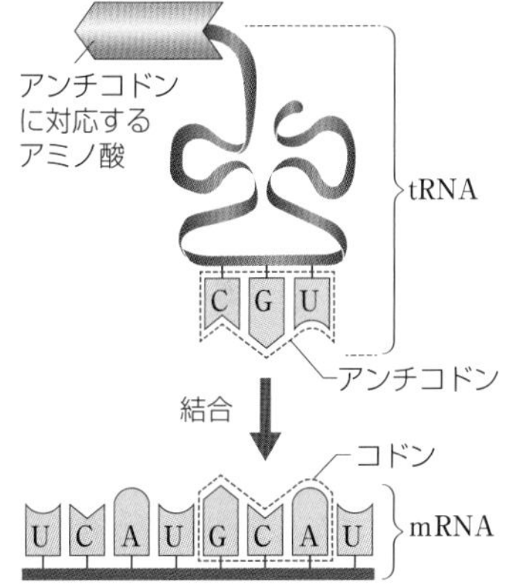

tRNAは，アンチコドンに対応するアミノ酸と結合し，それをmRNAへ運ぶ。運ばれてきたアミノ酸は，隣のアミノ酸と結合する。これがくり返されてDNAの遺伝情報に従ったタンパク質が合成される。この過程を**翻訳**という。

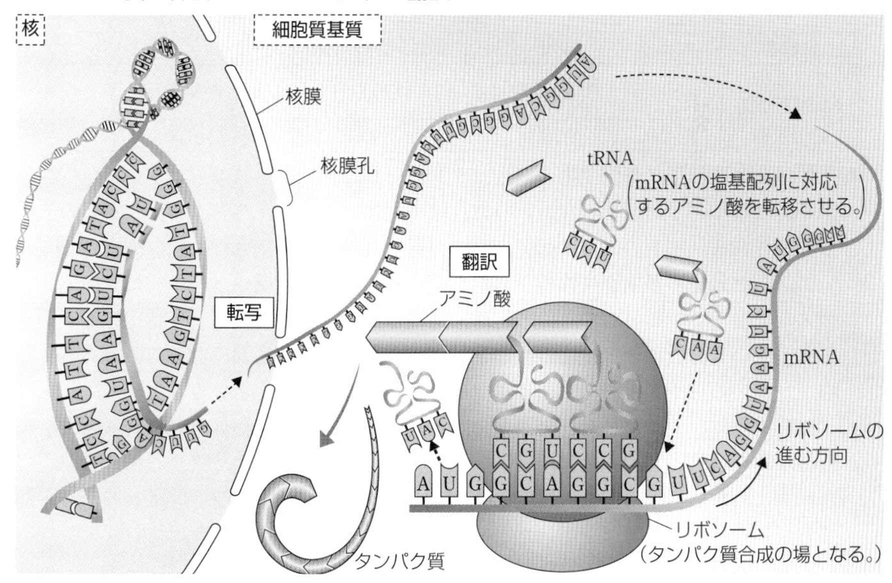

i ）**遺伝暗号表**　４種類の塩基の３つの並び方の組み合わせ(４×４×４＝64通り)から，コドンは**64種類**存在する。コドンとアミノ酸の対応をまとめた表は，**遺伝暗号表**と呼ばれる。AUG というコドンは，メチオニンを指定するとともに，翻訳の開始を指定する(**開始コドン**)。また，対応するアミノ酸がないコドンもあり，これらは翻訳を終了させる役割をもつ(**終止コドン**)。コドンに対応するアミノ酸の種類は，ニーレンバーグやコラーナの実験によって解明されていった。

◀遺伝暗号表▶

		コドンの２番目の塩基					
		U	C	A	G		
コドンの1番目の塩基	U	UUU UUC フェニルアラニン UUA UUG ロイシン	UCU UCC UCA UCG セリン	UAU UAC チロシン UAA UAG 終止	UGU UGC システイン UGA 終止 UGG トリプトファン	U C A G	コドンの3番目の塩基
	C	CUU CUC CUA CUG ロイシン	CCU CCC CCA CCG プロリン	CAU CAC ヒスチジン CAA CAG グルタミン	CGU CGC CGA CGG アルギニン	U C A G	
	A	AUU AUC AUA イソロイシン AUG メチオニン(開始)	ACU ACC ACA ACG トレオニン	AAU AAC アスパラギン AAA AAG リシン	AGU AGC セリン AGA AGG アルギニン	U C A G	
	G	GUU GUC GUA GUG バリン	GCU GCC GCA GCG アラニン	GAU GAC アスパラギン酸 GAA GAG グルタミン酸	GGU GGC GGA GGG グリシン	U C A G	

❸遺伝子とゲノム

(a)　**ゲノム**　生物が自らを形成・維持するのに必要な１組の遺伝情報を**ゲノム**という。多くの生物では，生殖細胞１個がもつ染色体の全塩基配列に相当する。生物種によって，ゲノムの総塩基対数やゲノムに含まれる遺伝子数は異なっている。

生物名	大腸菌	酵母	ショウジョウバエ	シロイヌナズナ	ヒト
ゲノムの総塩基対数	約500万	約1200万	約１億2000万	約１億3000万	約30億
遺伝子数	約4500	約7000	約１万4000	約２万7000	約２万

(b)　**ゲノムと遺伝子**　真核生物の場合，タンパク質に翻訳される部分はゲノム全体の一部で，ほとんどが翻訳されない。一方，原核生物の場合は，ゲノムのほとんどの部分が翻訳される。ヒトの場合，ゲノム中の翻訳される部分の割合は，約1.5%である。

(c)　**ゲノムと分化**　多細胞生物のからだを構成する個々の細胞は，基本的にすべて同じゲノムをもっている。しかし，細胞は一様ではなく，その種類ごとに特定の形や働きをもっている。これは，細胞の種類ごとに，発現する遺伝子が異なるためである。細胞が，特定の形や働きをもつようになることを，細胞の**分化**という。

(d)　**だ腺染色体**　カやハエなどの幼虫のだ腺細胞には，だ腺染色体と呼ばれる巨大な染色体がみられる。だ腺染色体には，酢酸カーミン溶液などによく染まる横じまが観察され，これが遺伝子の位置の目安になる。だ腺染色体には，**パフ**と呼ばれる膨らんだ部分がみられ，ここでは凝縮した DNA がほどけて転写が盛んに行われている。

Process

□ **1** 次の文中の(　　　)に適切な語を下の①～⑥のなかからそれぞれ選び，番号で答えよ。

遺伝子の本体は(　ア　)であり，染色体中に存在する。真核生物の染色体は，(　ア　)と(　イ　)からなる。真核生物では，ふつう，染色体は(　ウ　)内で(　エ　)状になって分散しているが，細胞分裂のときには，凝縮して(　オ　)状になる。

①　タンパク質　　②　DNA　　③　細胞質基質　　④　核　　⑤　棒　　⑥　糸

□ **2** 遺伝子研究の歴史に関する以下の各問いに答えよ。

(1)　肺炎双球菌を用い，R型菌からS型菌が生じることを示した科学者はだれか。

(2)　(1)のような現象は何と呼ばれているか。

(3)　(2)が起こる原因物質が，DNAであることを示唆する実験を行った科学者はだれか。

(4)　T_2ファージを用い，遺伝子の本体がDNAであることを示した科学者を2人答えよ。

□ **3** DNAの構造に関する以下の各問いに答えよ。

(1)　DNAのヌクレオチドを構成する成分を3つ答えよ。

(2)　DNAの構造を明らかにした科学者を2人答えよ。

(3)　DNAの2本のヌクレオチド鎖がねじれた構造は何と呼ばれているか。

(4)　ある生物のDNAにアデニンが20%含まれているとき，グアニンは何%含まれるか。

□ **4** 次の①～⑤は，間期または分裂期のどの時期について説明したものか。

①　各染色体が赤道面に並ぶ。　②　各染色体が両極へ移動する。

③　染色体が凝縮する。　④　細胞質分裂が起こる。　⑤　DNAが複製される。

□ **5** タンパク質が合成されるまでの過程に関する以下の各問いに答えよ。

(1)　RNAのヌクレオチドについて，DNAのヌクレオチドと異なる点を2つ答えよ。

(2)　DNAの塩基配列が，RNAに写し取られる過程を何というか。

(3)　mRNAの塩基配列にもとづいて，タンパク質が合成される過程を何というか。

(4)　(3)の過程で，1個のアミノ酸と対応するmRNAの塩基3つの並びを何というか。

(5)　(3)の過程で，アミノ酸を運ぶRNAを何というか。

(6)　遺伝情報がDNA→RNA→タンパク質と一方向に流れる原則を何というか。

□ **6** 染色体とゲノムに関する以下の各問いに答えよ。

(1)　体細胞に含まれる形や大きさが同じ染色体を何というか。

(2)　生物が自らを形成・維持するのに必要な1組の遺伝情報を何というか。

(3)　ヒトの場合，1個の生殖細胞に含まれる染色体の数は何本か。

(4)　ヒトの1個の体細胞には，何組のゲノムが存在するか。

(5)　ヒトのゲノムの総塩基対数はおよそいくらか。

Answer

1 ア…②　イ…①　ウ…④　エ…⑥　オ…⑤　**2** (1)グリフィス　(2)形質転換　(3)エイブリー　(4)ハーシー，チェイス　**3** (1)デオキシリボース(糖)，リン酸，塩基　(2)ワトソン，クリック　(3)二重らせん構造　(4)30%
4 ①中期　②後期　③前期　④終期　⑤S期(DNA合成期)　**5** (1)糖がデオキシリボースでなくリボースである点，塩基の1つがチミンでなくウラシルである点。(2)転写　(3)翻訳　(4)コドン　(5)tRNA(転移RNA)　(6)セントラルドグマ　**6** (1)相同染色体　(2)ゲノム　(3)23本　(4)2組　(5)約30億塩基対

基本例題5　DNAの構造

➡基本問題 20，21，22

以下の各問いに答えよ。

(1)　A，T，G，Cが，DNA中の各塩基の割合を示すとすると，二重らせん構造のDNAで成り立つ関係式を，次の①～⑤のなかから2つ選び，番号で答えよ。ただし，このDNAでは，AとGは等しくない。

①　G/A＝T/C　②　T/A＝G/C　③　A/G＝C/T　④　A＋T＝C＋G
⑤　G＋A＝T＋C

(2)　ある生物のDNAに含まれる全塩基のうち，Aが23%であったとき，Cの割合はいくらか。

考え方　(1)塩基の相補性からA＝T，G＝Cである。(2)塩基の相補性から，AとT，GとCはそれぞれ割合が等しい。したがって，Aが23%であればTも23%である。100%からAとTの合計を引くとGとCの合計になり，Cはその半分であるから，(100－46)÷2＝27%となる。

解答
(1)②，⑤
(2)27%

基本例題6　遺伝子の本体

➡基本問題 23

肺炎双球菌を用いた次の①～⑤の実験に関する，下の各問いに答えよ。

	実　験	結　果
①	生きたR型菌をネズミに注射した。	発病しなかった。
②	加熱殺菌したS型菌をネズミに注射した。	発病しなかった。
③	加熱殺菌したS型菌と生きたR型菌を混合し，ネズミに注射した。	発病した。
④	DNA分解酵素で処理したS型菌の抽出液を，R型菌の培地に加えて培養した。	培地にはR型菌しか現れなかった。
⑤	タンパク質分解酵素で処理したS型菌の抽出液を，R型菌の培地に加えて培養した。	培地にS型菌も現れた。

(1)　①～③の実験のうち，ネズミから生きたS型菌が検出されるものはどれか。

(2)　①～③の実験から，③の実験では，加熱殺菌したS型菌によってR型菌の形質がS型菌に変化したと考えられるが，このような現象を何というか。

(3)　④，⑤の実験について述べた次の文中の空欄(　ア　)～(　エ　)に入る適切な語句をそれぞれ答えよ。ただし，同じ語をくり返し使ってもよい。

これらの実験が行われた当時は，「(　ア　)が遺伝子の本体である」と考える研究者が多くいた。しかし，(　イ　)分解酵素で処理したもので，R型菌の形質に変化が(　ウ　)ことから，遺伝子の本体が(　エ　)であることが示唆された。

考え方　(1)ネズミが発病した場合には，体内に生きた病原性のS型菌が存在するといえる。(3)④と⑤の実験は，タンパク質とDNAのどちらが形質転換の原因物質かを確認するために，それぞれの分解酵素を用いてどちらを分解したときに形質転換が起こらなくなるかを調べたものである。分解された物質が，形質転換の原因物質であれば，培地にS型菌は生じ得ない。

解答　(1)③
(2)形質転換
(3)ア…タンパク質
イ…DNA　ウ…起こらなかった　エ…DNA

基本例題７ 体細胞分裂

➡基本問題 28，29，30

右図は，細胞分裂を行っている動物の体細胞１個当たりに存在する DNA 量の変化を経時的に示したものである。

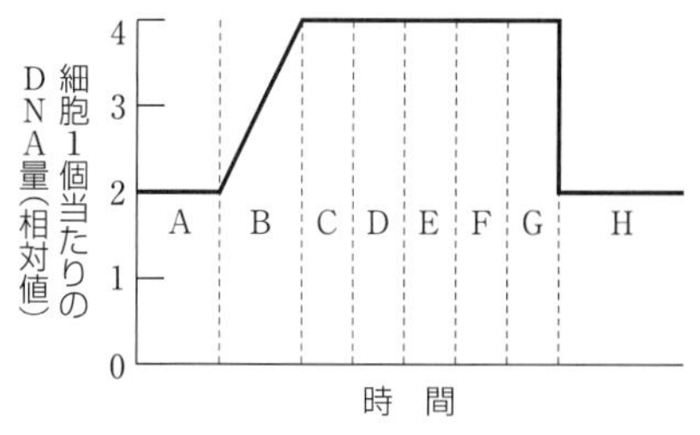

細胞分裂とDNA量の変化

(1) 図中で DNA 合成が行われている時期をＡ～Ｈのなかから選べ。

(2) 図中のＤ～Ｇを分裂期とするとき，Ａ～ＣおよびＨの時期は，まとめて何と呼ばれるか。その名称を答えよ。

(3) (2)の時期のうち，Ｃの時期は何と呼ばれるか。

(4) 顕微鏡で観察を行い，視野に見えるＡ～Ｇの時期の細胞の数を数えたところ，Ｄの細胞の割合は５％であった。細胞周期の長さが24時間とすると，Ｄの時期の長さは何分と推定されるか。

考え方 (1)縦軸が DNA の量なので，グラフが右上がりになっている時期が DNA を合成している時期と考えられる。(2)分裂期(M期)以外の時期と考えればよい。ＡとＨはどちらも G_1 期である。(3)DNA が複製されてから，分裂期に入るまでの時期のこと。(4)観察された細胞の割合は，細胞周期全体におけるその時期の長さの割合と等しいと考えてよい。細胞周期全体の長さが24時間なので，24時間×60分×0.05＝72分

解 答
(1)…Ｂ
(2)…間期 (3)分裂準備期(G_2 期)
(4)72分

基本例題８ 遺伝子の発現とゲノム

➡基本問題 32，33，36

遺伝子の発現とゲノムに関する以下の各問いに答えよ。

(1) 遺伝情報が DNA→RNA→タンパク質の一方向に流れるという原則を何というか。

(2) １つのアミノ酸を指定するコドンは，mRNA の何塩基の並びか。

(3) あるタンパク質を解析すると，130個のアミノ酸から構成されていた。この130個のアミノ酸を指定する mRNA の塩基数は合計でいくつか。

(4) ヒトのゲノム DNA をつなぎ合わせると，その全長は約１m になる。ヒトの染色体１本あたりの DNA の長さは平均していくらか。次の①～⑦のなかから最も適切なものを１つ選び，番号で答えよ。

① 2.2μm　② 4.3μm　③ 4.3mm　④ 8.7mm　⑤ 2.2cm
⑥ 4.3cm　⑦ 8.7cm

考え方 (2)mRNA の３塩基がアミノ酸１つに相当する。(3)３塩基がアミノ酸１つに相当するのだから，アミノ酸数を３倍すればよい(130×3＝390)。(4)ヒトのゲノムは染色体23本に相当するので，１本あたりの DNA の長さは
1m÷23本×100≒4.3cm

解 答
(1)セントラルドグマ
(2)３塩基 (3)390個 (4)⑥

基本問題

知識

□19. **染色体と遺伝子** ●次の各問いに答えよ。

問1．次の①～⑤の文について，正しいものに○，誤っているものに×をつけよ。

① 1個の体細胞に含まれる染色体は，母親由来か父親由来のどちらかの1組である。

② 遺伝子は，染色体に存在する。

③ 真核生物の染色体は，DNAのみでできている。

④ ヒトの染色体は，核内で常に凝縮した棒状になっている。

⑤ ヒトのDNAは，その構造のすべてが遺伝子としての働きをもっている。

問2．生物がもつ形や性質のことを何というか。

問3．ヒトの1個の体細胞の核には，染色体が何本含まれているか。

知識

□20. **DNAとRNAの構成要素** ●次の文章を読み，空欄に適する語を答えよ。

DNAとRNAはともに,（　ア　）を構成単位とする鎖状の長い分子である。（　ア　）は，糖に（　イ　）と塩基が結合した物質であり，DNAとRNAでは糖と塩基に違いがみられる。DNAの（　ア　）の糖は（　ウ　）で，塩基は（　エ　）(A)，（　オ　）(T)，（　カ　）(G)，（　キ　）(C)の4種類がある。一方，RNAの（　ア　）の糖は（　ク　）である。また，RNAの塩基には，（　オ　）がなく（　ケ　）(U)が含まれる。

知識　計算

□21. **核酸の構造** ●次の文章を読み，下の各問いに答えよ。

DNAとRNAは，いずれも（　ア　）が構成の基本単位で，これの（　イ　）とリン酸が交互に結合することで，（　ア　）どうしが長い鎖状につながった構造をしている。DNAは，2本の（　ア　）鎖で構成されており，（　ウ　）構造と呼ばれる特徴的な立体構造をしている。また，DNAにおいて2本の（　ア　）鎖は，塩基の部分でアデニンと（　エ　），グアニンと（　オ　）が互いに対になって結合している。この性質を塩基の（　カ　）という。これに対して，RNAは1本の（　ア　）鎖でできている。

問1．文中のア～カに入る適切な語をそれぞれ答えよ。

問2．下線部の構造の解明に関する次の記述①～④のうち，正しいものをすべて選べ。

① この構造のモデルは，DNAのX線回折データにもとづくものであった。

② この構造のモデルは，ウィルキンスとフランクリンによって発表された。

③ この構造のモデルは，シャルガフの発見と矛盾しないものであった。

④ この構造のモデルは，遺伝子の本体がDNAであることを示唆するものであった。

問3．あるDNAの全塩基のうちAが30%であった。このDNAを構成する2本鎖のうち，片側1本鎖では，塩基の割合がAで45%，Cで15%であった。この片側1本鎖に含まれるTとGの割合を求めよ。

知識

22. DNAの塩基組成

次の文章と表に関する下の各問いに答えよ。

さまざまな生物の組織からDNAを抽出し，これらを構成する4種類の塩基の量(分子の数)を分析した。右の表はその結果を示している。

表　DNAの塩基組成

	A	T	G	C
ヒトの肝臓	30.3	30.3	19.5	19.9
ウシの肝臓	29.0	ア	イ	ウ
大腸菌	24.7	23.6	26.0	25.7

※表の数値は分子数の割合(%)を示す。

問1．表の空欄ア～ウに入る数値として最も適するものを，それぞれ①～⑦のなかから選んで番号で答えよ。ただし，同じものを何度選んでもよい。

①　14.5　②　19.5　③　21.0　④　25.0　⑤　29.0　⑥　30.3　⑦　35.4

問2．次のア～エの式について，A，T，G，CをそれぞれのDNA中の各塩基の割合とすると，およそ成り立つと考えられるものはどれか。すべて選べ。

ア．(A＋T)÷(G＋C)＝1　　イ．(A＋G)÷(C＋T)＝1

ウ．(A÷T)－(G÷C)＝0　　エ．(A＋T)÷(A＋T＋G＋C)＝0.5

思考

23. 遺伝子の本体

次の表は，グリフィスやエイブリーらによる，肺炎双球菌を使った遺伝子の本体を究明する実験の結果をもとに作成したものである。下の各問いに答えよ。

	実　験	結　果
①	S型菌(病原性)をマウスに注射した。	マウスは肺炎を起こして死んだ。
②	R型菌(非病原性)をマウスに注射した。	マウスは肺炎を起こさなかった。
③	加熱して殺したS型菌をマウスに注射した。	マウスは肺炎を起こさなかった。
④	加熱して殺したS型菌と生きているR型菌を混ぜて，マウスに注射した。	マウスは肺炎を起こして死に，体内から生きたS型菌が見つかった。
⑤	S型菌をすりつぶしてつくった抽出液を，R型菌の培地に加えて培養した。	S型菌が出現した。その後増殖させたS型菌は病原性をもち続けた。
⑥	S型菌をすりつぶしてつくった抽出液をタンパク質分解酵素で処理し，R型菌の培地に加えて培養した。	S型菌が出現した。
⑦	S型菌をすりつぶしてつくった抽出液をDNA分解酵素で処理し，R型菌の培地に加えて培養した。	S型菌は出現しなかった。

問1．実験①～④の結果から，どのようなことが明らかとなったか。次の文から選べ。

(ア)　死んだS型菌が，生きているR型菌によって生きかえった。

(イ)　死んだS型菌がもつ何らかの物質が，R型菌をS型菌に変化させた。

(ウ)　R型菌は，S型菌に関係なく，突然病原性をもつようになった。

問2．実験⑤の結果について述べた次の文の空欄に，適切な語を入れよ。

(　ア　)菌の抽出液に含まれる物質が(　イ　)菌を(　ウ　)させたと考えられ，それは(　エ　)として働く物質である可能性が高い。

問3．実験⑥，⑦の結果から，R型菌の培地でS型菌の出現を引き起こす物質は何か。

知識

☐**24. 遺伝子の本体の解明** ●ハーシーとチェイスが行った実験に関する下の各問いに答えよ。なお，ファージはタンパク質とDNAからなるウイルスである。また，硫黄(S)はタンパク質に含まれる元素で，リン(P)はDNAに含まれる元素である。

［実験］タンパク質に含まれるSを標識したファージを，大腸菌を含む培養液に添加した。添加して，大腸菌にファージを感染させた後，遠心分離を行い，上澄みを捨てて沈殿を回収した。回収した沈殿に，新しい培養液を加えてミキサーで激しく撹拌して大腸菌に付着したファージを引き離し，再び遠心分離を行った。2回目の遠心分離で得られた上澄みと沈殿のS標識物の量を測定した。

さらに，DNAに含まれるPを標識したファージで同じ実験を行った。

どちらのファージを用いた場合でも，最終的に得られた沈殿に新しい培養液を加えて懸濁して培養すると，子ファージが生じることが確認された。

問1．ファージを感染させた後，1度遠心分離を行って上澄みを捨てた目的を説明せよ。

問2．Sが標識されたタンパク質とPが標識されたDNAは，2回目の遠心分離後，それぞれ上澄みまたは沈殿のどちらに多く含まれるか。

問3．この実験とその結果について述べた次の文章中の空欄に入る適切な語を答えよ。

ファージの殻は，（　ア　）からなり，大腸菌に感染して遺伝物質をその細胞内に侵入させた後，大腸菌の表面に残る。ハーシーとチェイスが行った実験では，その殻は（　イ　）で撹拌することで大腸菌から分離された。この操作は，大腸菌内に侵入した遺伝物質を特定することができるものであった。この実験から，大腸菌内に侵入した物質は（　ウ　）のみで，さらに，大腸菌内で新たなファージがふえることも明らかとなった。このことは，（　ウ　）にその子ファージを産出する遺伝情報がすべて含まれていることを示していた。すなわち，遺伝子の本体が（　ア　）ではなく，（　ウ　）であることが明らかになった。

知識　実験・観察

☐**25. DNAの抽出** ●DNAを抽出する手順に関する次の各問いに答えよ。

［手順1］　凍らせたニワトリの肝臓の塊をおろし金ですりおろした。

［手順2］　乳鉢に，肝臓をすりおろしたものとタンパク質分解酵素溶液を入れ，乳棒で肝臓をさらにすりつぶした。

［手順3］　手順2でつくった抽出液に，15%の食塩水を加えて軽く混ぜた。

［手順4］　抽出液をビーカーに移し，100℃で5分間煮沸し，ある程度冷ましてからガーゼを重ねたものを用いてろ過した。

［手順5］　ろ液をよく冷却した後，よく冷やしたエタノールを静かに加え，ガラス棒で静かにかき混ぜてDNAを巻き取った。

問1．手順1，2および4を行った目的を，それぞれ簡潔に答えよ。

問2．手順5で，ろ液にエタノールを加えるとDNAが取り出せる。このことは，DNAがエタノールに対してある性質をもつからであるが，それはどのような性質か。

思考

☐ 26. DNA の複製 ●DNA の複製様式が証明された実験に関する下の各問いに答えよ。

［実験］ 大腸菌を，通常よりも重い窒素(N)を含む培地で何代も培養した。その後，通常のNを含む培地に移して大腸菌を分裂させた。通常培地で1回分裂させたもの，2回分裂させたものからDNAを精製して，通常培地に移す前の大腸菌のDNAと密度勾配遠心法にて比較した。その結果，通常より比重の大きいDNA，通常のDNA，そしてその中間の比重のDNAの3つに分けることができた(図1)。

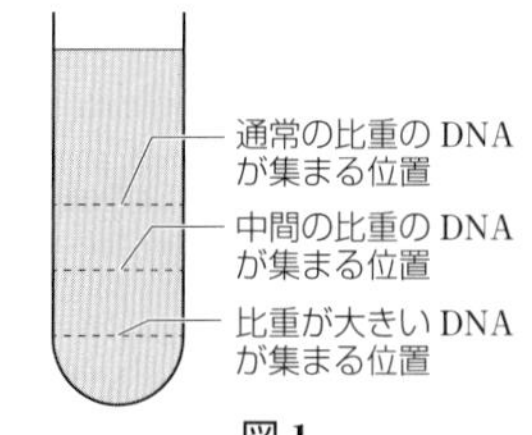

図1

※密度勾配遠心法：遠心力を利用し，溶質を比重の違いによって分離する方法。

問1．この実験から明らかになったDNAの複製のしくみを何というか。

問2．通常培地で1回分裂させた大腸菌から精製したDNAにはどのようなものが含まれているか。次のア～ウのなかから過不足なく選び，記号で答えよ。

ア．通常より比重が大きいDNA　　イ．通常のDNA　　ウ．中間の比重のDNA

問3．通常培地で2回分裂させた大腸菌から精製したDNAにはどのようなものが含まれているか。問2のア～ウのなかから過不足なく選び，記号で答えよ。

知識

☐ 27. DNA の複製と分配 ●次の文章を読み，下の各問いに答えよ。

細胞周期は，DNA合成準備期(［ア］期)，DNA合成期(［イ］期)，分裂準備期(［ウ］期)，および分裂期(［エ］期)の4つの時期に分けられる。DNA合成期では，核において染色体に含まれるDNAが複製される。DNAの複製は，2本鎖DNAがほどけて2組の1本鎖DNAとなり，その両方が鋳型となって最終的に2組の2本鎖DNAがつくられる。複製された2組の2本鎖DNAは，分裂期を経て2個の娘細胞に等しく分配される。

問1．文中空欄［ア］～［エ］を埋めよ。

問2．下線部について，DNAの複製において，もとのDNAと同じ塩基配列のDNAが2組つくられるのは，塩基間のどのような性質にもとづいているか，簡潔に説明せよ。

知識 計算

☐ 28. 体細胞分裂と DNA 合成 ●タマネギの根端を用いて体細胞分裂のようすを観察した。

次の文を読み，下の各問いに答えよ。

問1．体細胞分裂のようすを観察するためには，通常，次の①～④の実験操作を行う。これらを正しい実験の手順になるように順番に並べ，番号を答えよ。

①　解離　　②　染色　　③　固定　　④　押しつぶし

問2．この実験に用いたプレパラートにおいて観察された各時期の細胞数は，次の表のようになった。この標本において，分裂期の長さは何時間何分になるか。ただし，細胞周期の長さは25時間とし，それぞれの細胞は，互いに無関係に分裂している。

	間期	前期	中期	後期	終期
細胞数	623	40	8	7	22

第2章 遺伝子とその働き

知識 作図

☐29. 体細胞分裂

●次のA～Fの図は，植物細胞の間期と分裂期の各時期における染色体のようすを模式的に示したものである。下の各問いに答えよ。

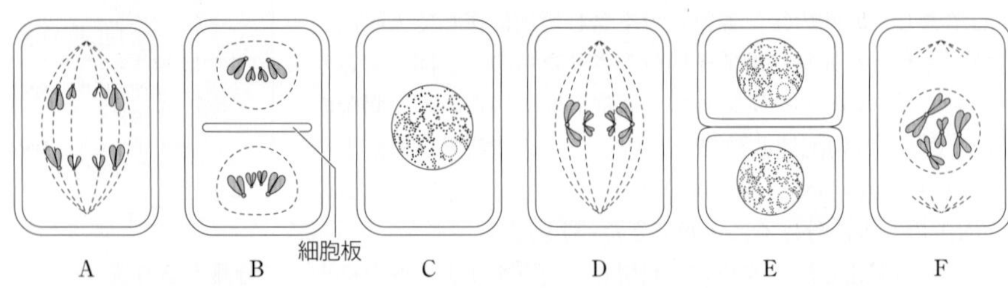

問1．細胞周期における染色体のようすを観察するとき，ふつう，固定と解離，染色を行う。これらに使用する薬品を，次のア～エのなかからそれぞれ1つずつ選べ。また，固定と解離を行う目的を簡潔に述べよ。

ア．塩酸　　イ．酢酸カーミン溶液　　ウ．酢酸　　エ．蒸留水

問2．A～Fを，Cをはじめとして体細胞分裂が進む順に並べよ。

問3．動物細胞の細胞分裂においては，細胞板はみられない。動物細胞では，細胞質分裂はどのように起こるか説明せよ。

問4．右図の黒丸を開始点として，体細胞分裂における細胞1個当たりのDNA量の変化を示すグラフを描け。

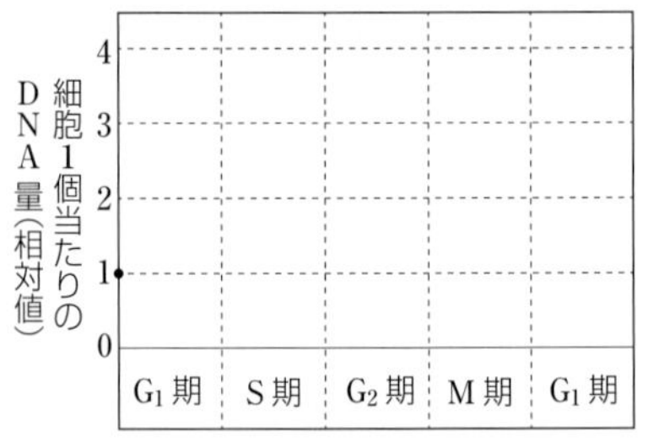

知識 計算

☐30. 体細胞分裂とDNA量の変化

●次の文章を読み，下の各問いに答えよ。

ある動物の細胞の細胞周期を調べるために，細胞を増殖に適した環境下で培養した。培養中の細胞を光学顕微鏡で観察し，培養を開始して24時間後から，一定時間ごとに全細胞数を継続して計測したところ，右図のようなグラフが得られた。

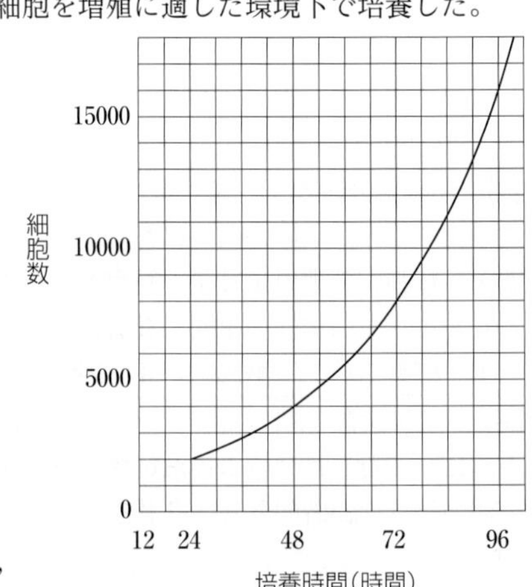

問1．分裂期の細胞を認識するために用いられる染色液を1つ答えよ。

問2．間期の細胞と分裂期の細胞とで，染色体のようすにどのような違いがみられるか，簡潔に説明せよ。

問3．この動物細胞の細胞周期1周に要する時間は何時間か。

問4．細胞分裂している細胞を観察したところ，1200個あたり75個の細胞が分裂期であった。分裂期の長さは何時間と考えられるか。

知識

31．タンパク質の構造と働き ●タンパク質に関する次の文の空欄に適切な語を入れよ。

タンパク質は，多数の(　1　)が鎖状に連結した(　2　)からできている。タンパク質の種類は，構成するアミノ酸の総数と(　3　)順序の違いによって決まる。生体のタンパク質を構成する(　1　)の種類は20種類である。タンパク質の立体構造は複雑で，その種類も非常に多い。化学反応を触媒する(　4　)は，種類も多く，タンパク質でつくられている物質の代表的な例である。

知識

32．タンパク質と遺伝子 ●次の文章を読み，下の各問いに答えよ。

(a)mRNA などの RNA は，DNA の一方のヌクレオチド鎖の塩基配列が写し取られることで合成される。タンパク質は，(b)mRNA の塩基配列にもとづいてアミノ酸が運ばれ，隣り合うアミノ酸どうしが結合して合成される。このとき，(c)mRNA の連続した(　A　)個の塩基が，1つのアミノ酸を指定する。

問1．図は DNA の二重らせん構造の一部を模式的に示したものである。図中のア～ウの構成成分名をそれぞれ答えよ。

ア　イ　ウ

問2．文中の下線部(a)および(b)に関して，それぞれの過程の名称をそれぞれ答えよ。

問3．下線部(b)に関して，アミノ酸を運ぶ役割をもつ RNA の名称を答えよ。

問4．文中の(　A　)に入る数を答えよ。

問5．下線部(c)に関して，アミノ酸を指定する mRNA の連続した(　A　)個の塩基のことを何というか。

知識

33．遺伝子の発現 ●次の文章を読み，下の各問いに答えよ。

DNA の塩基配列を RNA に写し取る過程を(　a　)という。DNA と RNA はともにヌクレオチドからなるが，RNA を構成する糖は(　b　)であることが DNA と異なる。また，RNA にはチミンがなく(　c　)が含まれている。mRNA の塩基配列にもとづいてタンパク質が合成される過程を(　d　)という。図は真核細胞の細胞質でタンパク質合成が行われている状態を示す。

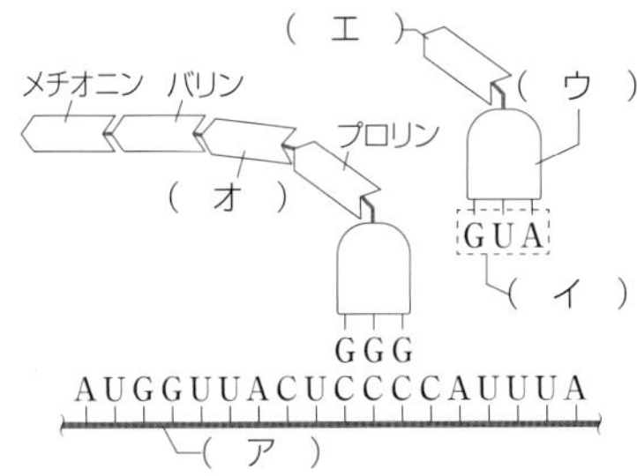

問1．文中の空欄 a ～ d に入る適切な語をそれぞれ答えよ。

問2．図中のア～ウに入る適切な語をそれぞれ答えよ。

問3．図中エ，オに入るアミノ酸を次の表を参考にしてそれぞれ答えよ。

コドン	ACU	GGG	GUA	CCC	CAU
アミノ酸	トレオニン	グリシン	バリン	プロリン	ヒスチジン

知識

☐ 34. **遺伝子とアミノ酸配列** ●以下に，ある遺伝子の DNA の塩基配列の一部を示している。下の各問いに答えよ。

DNA の塩基配列：TAC GAG GAC GGG GAC ACT

問 1．この DNA の相補鎖の塩基配列を一番左の塩基から順に答えよ。

問 2．この DNA が一番左の塩基から順に転写されてできる mRNA の塩基配列を答えよ。

問 3．下の遺伝暗号表をもとに問 2 の mRNA からできるタンパク質のアミノ酸配列を答えよ。ただし，一番左の塩基が最初のコドンの 1 塩基目に対応する。

第1番目の塩基	第2番目の塩基 U	第2番目の塩基 C	第2番目の塩基 A	第2番目の塩基 G	第3番目の塩基
U	UUU, UUC：フェニルアラニン UUA, UUG：ロイシン	UCU, UCC, UCA, UCG：セリン	UAU, UAC：チロシン UAA, UAG：終止コドン	UGU, UGC：システイン UGA：終止コドン UGG：トリプトファン	U C A G
C	CUU, CUC, CUA, CUG：ロイシン	CCU, CCC, CCA, CCG：プロリン	CAU, CAC：ヒスチジン CAA, CAG：グルタミン	CGU, CGC, CGA, CGG：アルギニン	U C A G
A	AUU, AUC, AUA：イソロイシン AUG：メチオニン	ACU, ACC, ACA, ACG：トレオニン	AAU, AAC：アスパラギン AAA, AAG：リシン	AGU, AGC：セリン AGA, AGG：アルギニン	U C A G
G	GUU, GUC, GUA, GUG：バリン	GCU, GCC, GCA, GCG：アラニン	GAU, GAC：アスパラギン酸 GAA, GAG：グルタミン酸	GGU, GGC, GGA, GGG：グリシン	U C A G

知識

☐ 35. **遺伝情報の流れ** ●以下に示したのは，遺伝情報の流れの概念図である。この図を見て，下の各問いに答えよ。

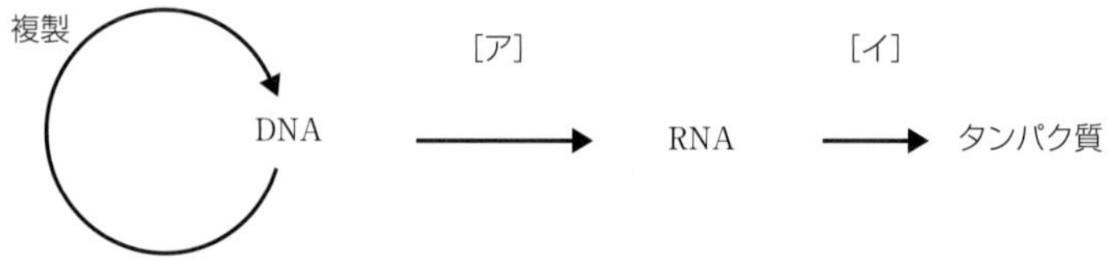

問 1．ア，イの矢印の過程をそれぞれ何というか。

問 2．上図のように，遺伝情報は，一般的に DNA から RNA，タンパク質へと伝えられる。この原則を何というか。

問 3．DNA 分子中の何が遺伝情報となっているか。

問 4．DNA は，タンパク質の何の情報をもっているか。

問 5．ある遺伝子の塩基配列の一部が TAACCG であった。矢印アの過程を経てこの DNA をもとに合成される RNA の塩基配列を答えよ。

問 6．DNA の複製が起こるのは，細胞周期のどの時期か。下の①～⑤のなかから選び，番号で答えよ。

① G_1 期　② G_2 期　③ S 期　④ 分裂期の前期　⑤ 分裂期の中期

知識 計算

□36. ゲノムとDNA

DNA の二重らせん構造は，10塩基対でらせんが 1 回転する。また，10塩基対分の長さは，3.4nm である(図 1)。ヒトのゲノムが30億塩基対であるとして，下の各問いに答えよ。

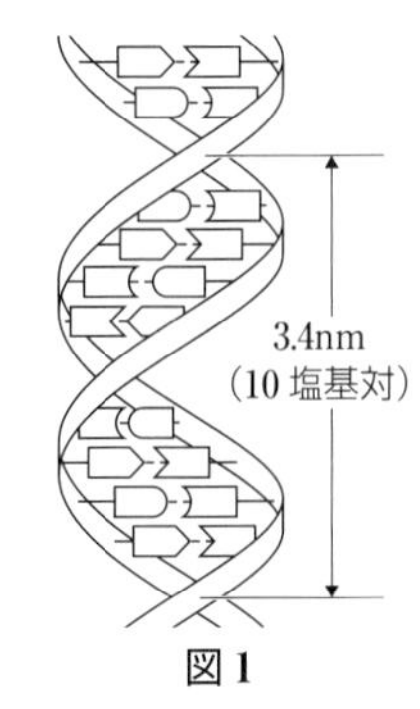

図 1

問 1．ヒトの体細胞中の染色体に含まれる全 DNA の長さとして最も適当なものを，次の①～⑧から選べ。

① 2.0mm　② 10mm　③ 15mm　④ 20mm
⑤ 100mm　⑥ 200mm　⑦ 1.0m　⑧ 2.0m

問 2．ヒトのタンパク質の平均アミノ酸数として最も適当なものを，次の①～⑨から選べ。なお，翻訳される塩基配列はゲノム全体の 1 %，遺伝子数は20000個とする。また，それぞれの遺伝子がもつ塩基配列はすべて翻訳されるものとする。

① 100　② 200　③ 300　④ 400　⑤ 500
⑥ 600　⑦ 700　⑧ 800　⑨ 900

知識 計算

□37. ゲノム・遺伝子・染色体

次の文章を読み，下の各問いに答えよ。

生物の個体の形成，維持，繁殖などの生命活動に必要な 1 組の遺伝情報を(　ア　)という。ヒトの体細胞には，父親と母親に由来する(　イ　)組の(　ア　)が存在する。遺伝子の本体は(　ウ　)であり，ヌクレオチド鎖の(　エ　)がタンパク質の構造を示す情報となる。ヒトの場合，遺伝子として働く領域の割合は，(　ア　)全体の約1.5%といわれており，そのなかに遺伝子が約(　オ　)個存在していると考えられている。真核生物の染色体は，(　ウ　)と(　カ　)で構成される。ヒトなどの体細胞では，<u>同じ大きさと形をもった染色体が 2 本ずつ対になって存在し，これらはそれぞれ父親と母親に由来する</u>。

問 1．文中の空欄ア～カに入る適切な語や数をそれぞれ答えよ。

問 2．下線部に関して，同形同大で対になった染色体のことを何というか。

問 3．次の①～②の核には何組のゲノムが含まれるか。それぞれ答えよ。

① G_1 期の体細胞　② 精子

問 4．細胞が特定の形態や機能をもつようになることを何というか。また，体細胞は基本的に同じゲノムをもっているにも関わらず，これが起こる理由を簡潔に説明せよ。

問 5．ヒトゲノム中の遺伝子の領域は何塩基対と推定されるか。なお，ヒトの体細胞中には6.0×10^9 塩基対が含まれているものとする。

知識

□38. だ腺染色体とパフ

次の文章を読み，下の各問いに答えよ。

ユスリカの幼虫のだ腺には，だ腺染色体と呼ばれる巨大染色体が存在し，顕微鏡で観察すると，特定の部位にパフと呼ばれる構造がみられる。パフが生じる染色体上の位置は，幼虫から蛹にいたる段階に応じて変化することが知られている。

問 1．押しつぶし法で，だ腺染色体を顕微鏡観察するときに使う染色液を 1 つあげよ。

問 2．パフで盛んに合成されている物質は何か。

思考例題 ❷ DNA の複製のしくみにおける仮説の検証 ……………

課題

DNA がどのように複製されるのかに関しては，DNA の構造的特徴や DNA 合成酵素(DNA ポリメラーゼ)がもつ酵素活性の性質から，保存的複製，半保存的複製，分散的複製などの複製モデルが考えられていた。この DNA の複製方法に関して，メセルソンとスタールは以下の実験を行い，DNA の複製が半保存的複製によって行われていることを証明した。

〔実験〕大腸菌を重い窒素(^{15}N)のみを窒素源に含む培地で何世代も培養した後，軽い窒素(^{14}N)を含む培地に移して一定時間培養を行った。その際，^{15}N を含む培地で培養した大腸菌と ^{14}N を含む培地で１回または２回分裂した大腸菌からそれぞれ DNA を抽出し，密度勾配遠心法を用いて遠心分離を行った。この方法では，比重の異なる DNA を分離することが可能である。その結果，^{15}N のみを含む培地で培養した大腸菌からは比重の大きい DNA のみが分離された。^{14}N を含む培地で１回分裂した大腸菌では比重の大きいものと小さいものの中間の比重の DNA が分離され，２回分裂した大腸菌では比重の小さいものと中間のものが，それぞれ同じ濃さで DNA が分離された。

「保存的複製モデル」では鋳型となる古い鎖とは別に新生鎖のみからなる２本鎖 DNA がつくられる(図１)。

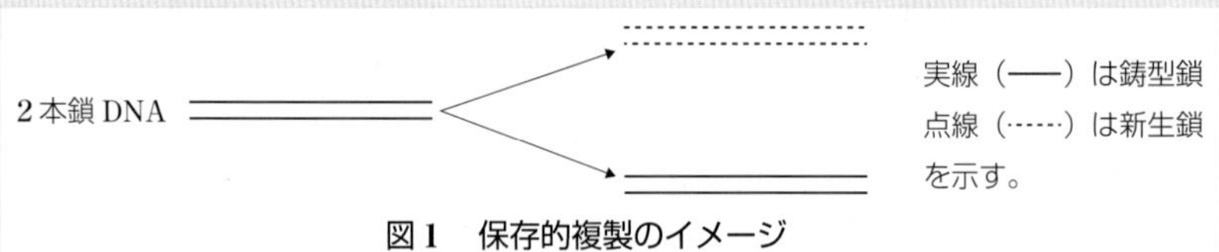
２本鎖 DNA
実線（──）は鋳型鎖
点線（……）は新生鎖
を示す。

図１　保存的複製のイメージ

「分散的複製モデル」では複製後にできる２組の２本鎖 DNA のそれぞれの鎖に鋳型となった古い鎖と新生鎖が混ざったものとなる(図２)。

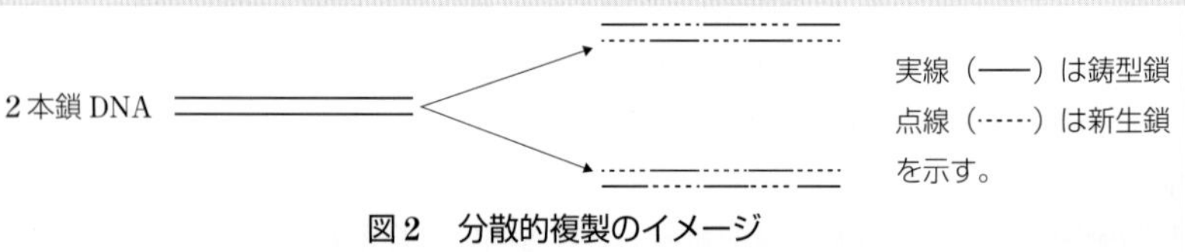
２本鎖 DNA
実線（──）は鋳型鎖
点線（……）は新生鎖
を示す。

図２　分散的複製のイメージ

これらのモデルは，今回の実験の結果によって，それぞれどのように否定することができるか説明せよ。

(18．学習院大改題)

指針 実験結果にもとづいて，複数の仮説から１つ１つの可能性を排除し，科学的に妥当な結論を導き出す。

次の Step 1 ～ 3 は，課題を解く手順の例である。空欄を埋めてその手順を確認せよ。なお，空欄中には ^{15}N と ^{14}N のいずれかが入る。

Step 1 実験の内容を理解する

大腸菌を重い窒素(^{15}N)のみを窒素源に含む培地で何世代も培養した目的は，そのDNA に含まれる窒素が(　1　)に置き換えられた大腸菌をつくることである。この大腸菌を，軽い窒素(^{14}N)を含む培地に移して培養すると，体細胞分裂においてDNA の複製で用いられる窒素は(　2　)となる。そのため，複製されたDNA には(　2　)が含まれるようになって，複製(細胞分裂)のたびに新たに合成されるDNA の比重は小さくなる(軽くなる)。すなわち，複製のもとになったDNA と新たに合成されたDNA を，比重の違いによって区別することができるようになる。

Step 2 実験結果から半保存的複製が正しいと判断できる理由を整理する

^{14}N のみを含む培地で1回分裂した大腸菌では，中間の比重のDNA のみが分離されたことは，分裂前の大腸菌がもつ(　3　)を含むヌクレオチド鎖と，新たに合成された(　4　)を含むヌクレオチド鎖が1：1で混ざることで，中間の比重となったことを示している。次に，^{14}N を含む培地で2回分裂した大腸菌では，比重の小さいものと中間のものが得られたということは，ヌクレオチド鎖の一部が徐々に新しいヌクレオチド鎖に置き換わっていくのではなく，まるごと1本ずつ換わっていなければ説明できない。したがって，この実験結果で説明できるDNA の複製方法は，半保存的複製である。

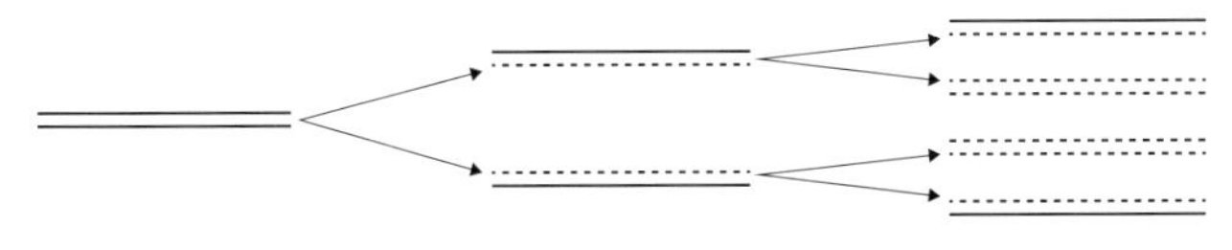

図　半保存的複製のイメージ

Step 3 実験結果から保存的複製および分散的複製を否定できるか確認する

保存的複製が正しければ，1回目の分裂後に得られる大腸菌のDNA は，もともとの(　5　)のみを含む比重の大きいDNA と新たに合成された(　6　)のみを含む比重の小さいDNA が，それぞれ得られるはずである(問題文図1)。分散的複製が正しければ，分裂のたびにすべてのDNA で比重が小さくなっていく(問題文図2)。すなわち，2回分裂後に得られるDNA では，1回目で得られたものと，同じ比重のDNA は得られないはずである。以上の考えをまとめて解答する。

Stepの解答　1…^{15}N　2…^{14}N　3…^{15}N　4…^{14}N　5…^{15}N　6…^{14}N

課題の解答　保存的複製が正しければ，1回目の分裂後のDNA では，比重の大きいDNA と比重の小さいDNA が検出されるはずであるが，そうはならなかったため否定できる。分散的複製が正しければ，分裂のたびにすべてのDNA の比重が小さくなっていくが，2回目の分裂でも，1回目と同じ中間の比重のものが得られたため否定できる。

〈補足〉　分散的複製は，もともとの大腸菌の比重の大きいDNA に，比重の小さいヌクレオチド鎖が挿入されていく仮説である。挿入のされ方が，ランダムなのか，一定の割合なのかによって，複製後にどのような比重のDNA が得られるのかは異なってくる。これは誤った仮説であったため，実際にどのようなDNA が得られるのかを確かめることはできない。

発展例題2　体細胞分裂の細胞周期

➡発展問題 40，41

栄養源のみが異なっている培地AおよびBにおける，ある動物細胞の培養について考える。各細胞は他の細胞とは無関係に分裂を開始する。また，活発に分裂している細胞集団では，１回の細胞周期の時間は，同じ培地ではほぼ同じである。

培地AおよびBで，培地の組成以外の条件は全て同じにして培養し，そこから活発に分裂している細胞集団を，それまでと同じ培地で培養を継続させた(継代培養)。図１に，継代培養後の細胞数の経時変化を示している。図２には，継代培養から40時間目に採取した1×10^3個の細胞における細胞１個当たりのDNA量ごとの細胞数を示している。

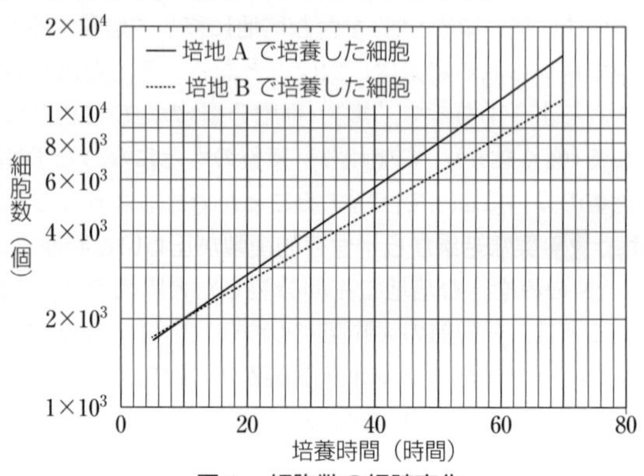

図１　細胞数の経時変化

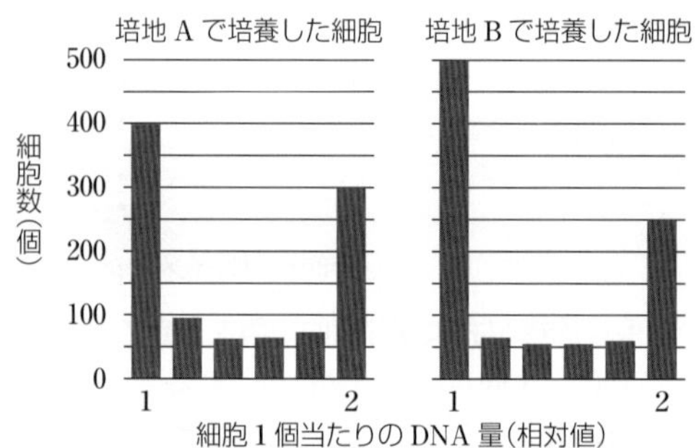

図２　細胞１個当たりのDNA量ごとの細胞数

問１．培地AおよびBで培養した細胞の，１回の細胞周期に必要な時間をそれぞれ答えよ。

問２．継代培養後40時間目の細胞を観察すると，培地Aでは5.0%，培地Bでは4.2%の細胞がM期にあると判定された。培地AおよびBで培養した細胞それぞれにおける，G_2期の長さ(時間)を，小数点以下を四捨五入して答えよ。

問３．この細胞において，G_1期の核に含まれるDNAの大きさが5.0×10^9塩基対(bp)であるとき，培地Aで培養した細胞におけるDNAの複製速度(bp/秒)を，小数点以下を四捨五入して答えよ。

(20．信州大改題)

解答

問1．培地A…20時間　培地B…24時間　　問2．培地A…5時間　培地B…5時間
問3．231481 bp/秒

解説

問1．細胞数が2倍になるのに要する時間は，その細胞が1回分裂するのに要する時間と等しいため，細胞周期の長さととらえてよい。図1から，細胞数が2倍になる間の時間を読み取る。たとえば，細胞数が2×10^3個から4×10^3個に増えるまでの時間は，培地Aでは20時間，培地Bでは24時間であると読み取ることができる。

問2．活発に分裂している細胞集団において，細胞周期に占めるその時期の時間は，観察される細胞数に比例する。これは，細胞周期に占める時間の長い時期ほど，観察される細胞数は多いはずだからである。たとえば，観察される間期の細胞数が多ければ，その細胞周期に占める間期の時間がそれだけ長いことになる。

図2から，細胞1×10^3個中に含まれるDNA量(相対値)が2の細胞は，培地Aで300個，培地Bで250個であることがわかる。細胞周期において，DNA量(相対値)が2となる細胞は，G_2期とM期の細胞である(右図)。したがって，DNA量(相対値)が2の細胞数からM期の細胞数を引けば，G_2期の細胞数を求めることができる。

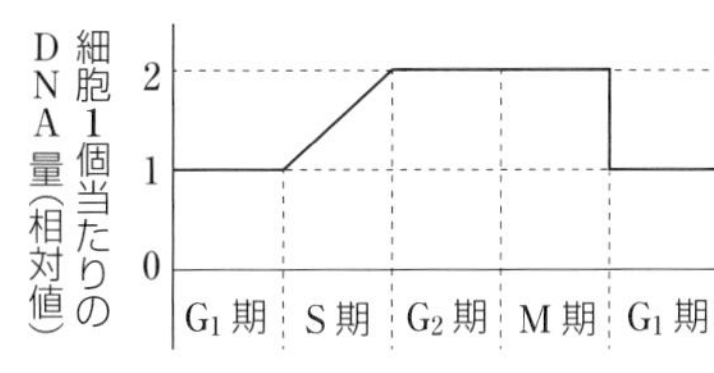

したがって，培地AのG_2期の細胞数は，M期の細胞数が全体(1×10^3個)の5％であることから，$300-(1\times10^3)\times0.05=300-50=250$個とわかり，$G_2$期に要する時間は，

$$20\text{時間}\times\frac{250}{1\times10^3}=5\text{時間}$$　となる。

培地Bにおいては，M期の細胞数が全体の4.2％であることを踏まえて，同様に計算すると，

G_2期の細胞数…$250-(1\times10^3)\times0.042=208$個

G_2期に要する時間…$24\text{時間}\times\frac{208}{1\times10^3}=4.992\fallingdotseq5\text{時間}$　となる。

問3．G_1期の細胞のDNAは，S期で2倍に複製される。そのため，S期に新たに合成されるDNAは，G_1期のDNAと同量の5.0×10^9塩基対(bp)である。図2より，培地AのS期の細胞数は，全細胞数－(G_1，G_2，M期の細胞数)$=(1\times10^3)-(400+300)=300$個であるため，細胞周期のS期に要する時間は，

$$20\text{時間}\times\frac{300}{1\times10^3}=6\text{時間}$$

である。5.0×10^9(bp)を6時間($6\times3600=21600$秒)で合成することから，その速度(bp/秒)は，$(5.0\times10^9)\div21600=231481.48148\cdots\fallingdotseq231481$(bp/秒)となる。

発展問題

思考 計算

39. 塩基の割合とDNA ■次の文章を読み，下の各問いに答えよ。

ある細菌のDNAの分子量は$2.97×10^9$で，アデニンの割合が31％である。このDNAから3000種類のタンパク質が合成される。ただし，1ヌクレオチド対の平均分子量を660，タンパク質中のアミノ酸の平均分子量を110とし，塩基配列のすべてがタンパク質のアミノ酸情報として使われると考える。また，ヌクレオチド対10個分のDNAの長さを3.4nmとする（$1 \text{nm}=10^{-9}\text{m}$）。また，ウイルスには，いろいろな核酸を遺伝物質としてもつものがある。

問1．このDNAに含まれるグアニンとチミンの割合をそれぞれ記せ。

問2．このDNAは何個のヌクレオチド対からできているか。

問3．この細菌のDNAの全長はいくらになると考えられるか。

問4．このDNAからつくられるmRNAは，平均何個のヌクレオチドからできているか。

問5．合成されたタンパク質の平均分子量はいくらか。

問6．表は4種類のウイルスの核酸の塩基組成[モル％]を調べた結果である。以下のア～エのような核酸をもつウイルスを，①～④からそれぞれ選べ。

ア．2本鎖DNA　　イ．1本鎖DNA

ウ．2本鎖RNA　　エ．1本鎖RNA

	塩基組成（モル％）				
ウイルス	A	C	G	T	U
①	29.6	20.4	20.5	29.5	0.0
②	30.1	15.5	29.0	0.0	25.4
③	24.4	18.5	24.0	33.1	0.0
④	27.9	22.0	22.1	0.0	28.0

（福岡歯科大改題）

ヒント

問5．タンパク質1つ当たりのアミノ酸の数を求め，アミノ酸の平均分子量をかければよい。

問6．2本鎖と1本鎖の構造の違いから考える。

思考 実験・観察

40. 細胞周期とDNA含量 ■細胞周期に関する実験について，下の各問いに答えよ。

ある哺乳動物に由来する体細胞の細胞周期を調べる実験を行った。この細胞は，通常の条件で培養すると細胞周期の時期はそろわないが，細胞集団中の全ての細胞は約16時間で細胞周期が1回転することがわかっている。この実験では，ヨウ化プロピジウムという，2本鎖ヌクレオチドに入り込み，隣接する塩基対と塩基対の間に入ると蛍光を発するようになる色素と，フローサイトメーターという細胞一個一個の発する蛍光強度を測定することができる分析機を使用した。この細胞をヨウ化プロピジウムで染色し，フローサイトメーターで個々の細胞の蛍光強度とその数を測定したところ，図1のような結果が得られた。

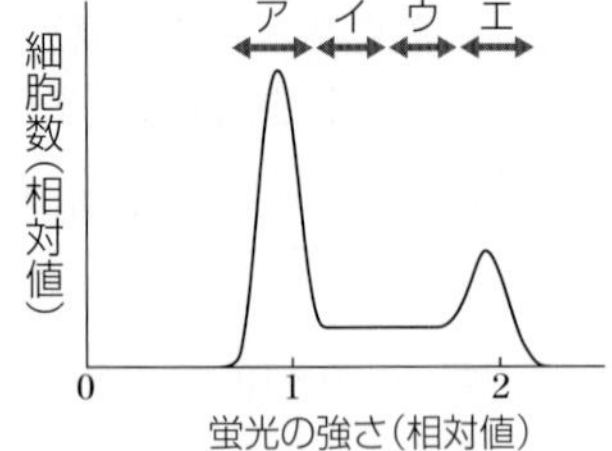

図1　細胞の蛍光強度分布

問1．図1の蛍光の強さは個々の細胞に含まれる何の量に対応するか。

問2．細胞周期は細胞の状態によって G_1 期，G_2 期，M期，S期の4つの時期に分けることができる。それぞれの時期を説明する文を次の(a)～(d)のなかから1つずつ選べ。

(a) DNA 複製に備えて準備する時期
(b) 細胞質および核が分裂する時期
(c) 染色体複製の一環として DNA を合成する時期
(d) 細胞質および核の分裂に備えて準備する時期

問3．G_1 期，G_2 期およびM期，S期の前半，S期の後半にある細胞の蛍光は，図1のア～エで示した領域のいずれに観察されるか。それぞれ最も適切なものを1つずつ選べ。

問4．ノコダゾールという薬剤は紡錘糸の伸長を阻害し，染色体が分離できない状態のまま細胞周期の進行を停止させることがわかっている。細胞を，ノコダゾールを加えた培地中で20時間培養した後，ヨウ化プロピジウムで染色した場合，蛍光強度分布はどのようになると予想されるか。次の図(a)～(f)のなかから最も適切なものを1つ選べ。

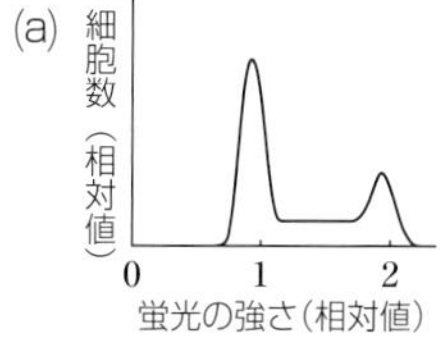

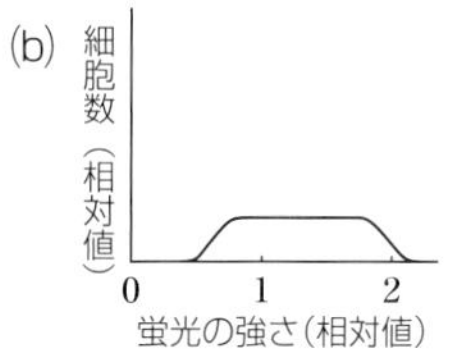

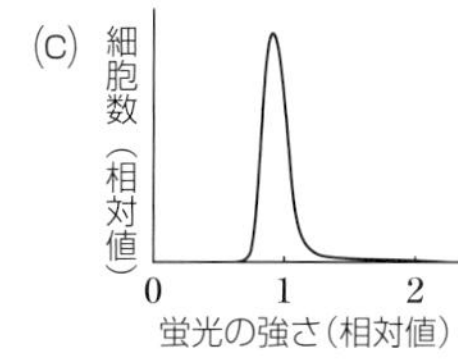

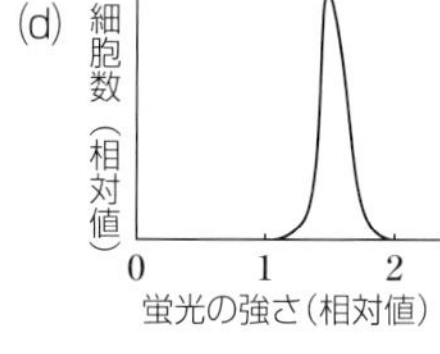

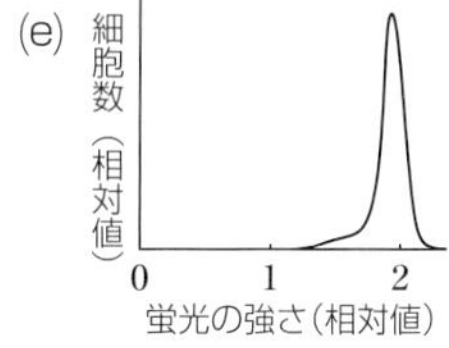

(f) 細胞数（相対値） 0 1 2 蛍光の強さ（相対値）

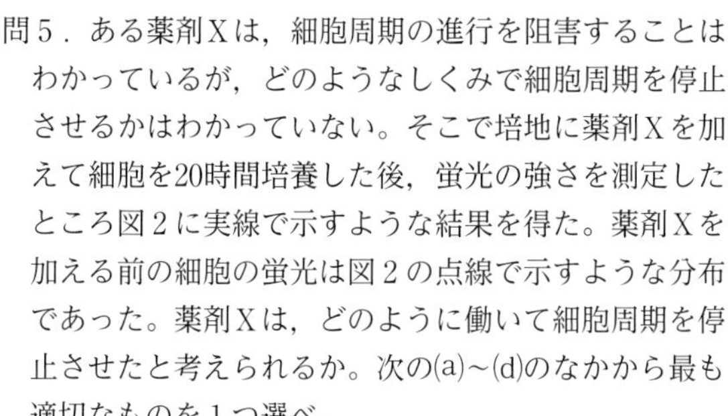

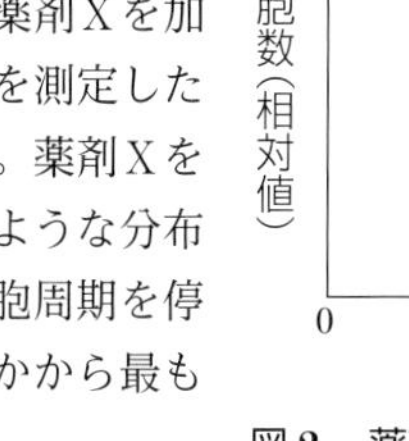

問5．ある薬剤Xは，細胞周期の進行を阻害することはわかっているが，どのようなしくみで細胞周期を停止させるかはわかっていない。そこで培地に薬剤Xを加えて細胞を20時間培養した後，蛍光の強さを測定したところ図2に実線で示すような結果を得た。薬剤Xを加える前の細胞の蛍光は図2の点線で示すような分布であった。薬剤Xは，どのように働いて細胞周期を停止させたと考えられるか。次の(a)～(d)のなかから最も適切なものを1つ選べ。

(a) 細胞質分裂の阻害　(b) 染色体の凝縮の阻害
(c) DNA 合成の阻害　(d) 新たな核膜の形成阻害

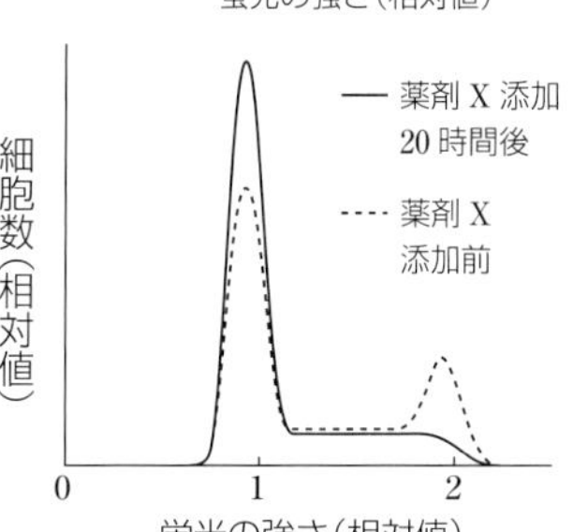

図2　薬剤 X を作用させる前と後の細胞の蛍光強度分布

（18．大阪府立大）

ヒント

問4．2倍に増えて接着した2つの染色体は，中期に分離してそれぞれの娘細胞に分配される。
問5．薬剤Xによって蛍光の強さが2の細胞が減り，1の細胞が増加していることに着目する。

思考 計算

41. 細胞周期

次の文章を読み，下の各問いに答えよ。

ある動物の培養細胞では，それぞれの細胞が同じ細胞周期をもちながら，同調せずランダムに細胞分裂をくり返す。この培養細胞について，細胞周期の各時期(G_1 期，S 期，G_2 期，M 期)の時間を調べたい。そこで培養液中にチミジン* の類似体(EdU)を短時間加え，細胞に取り込ませた。この EdU の短時間処理によって，細胞周期のさまざまな段階にある細胞のうち，S 期の細胞だけをすべて標識することができる。短時間処理後，この EdU を十分に洗浄除去し，EdU を含まない培地で培養を続けた。そして適当な時間間隔で細胞を採取し，EdU と蛍光色素を結合させ，EdU の取り込みによって蛍光を発する細胞を蛍光顕微鏡を用いて検出し観察した。培養細胞のM期の細胞は，凝縮した染色体をもつため識別できる。そこで，採取されたすべての細胞のなかからM期の細胞を選び，そのなかで EdU によって蛍光標識された細胞の割合(%)を調べたところ，図のような結果を得た。

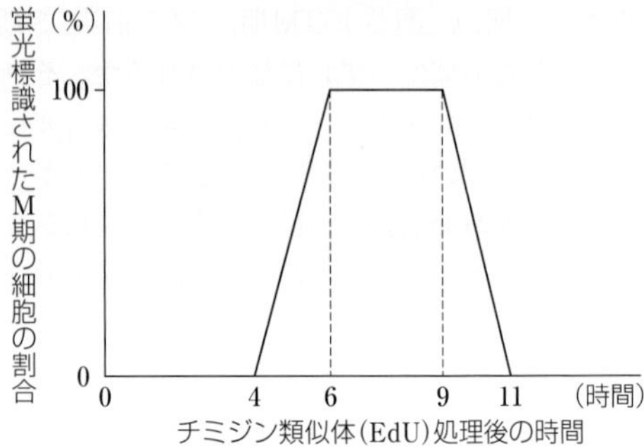

図から，細胞周期の S 期，G_2 期，M 期の所要時間をそれぞれ求めることができる(ただし，S 期の時間はM期より長いものとする)。まず EdU の短時間処理によって EdU を取り込んだ G_2 期の直前の細胞，すなわちS 期の最後の細胞に注目しよう。この細胞は，この後，G_2 期の時間を経由してM期に入る。このとき，蛍光標識された細胞が，M 期に最初に現れる。したがって，G_2 期は(　ア　)時間となる。次に，S 期の最後の細胞が，M 期の最後に到達したときを考える。S 期の時間がM期より長いことから，M 期のすべての細胞が蛍光標識されることになる。したがって，M 期は(　イ　)時間となる。

一方，EdU の短時間処理直後，G_1 期を出た直後，すなわち EdU を取り込んだS 期の最も初期の細胞に注目しよう。この細胞がM期に入るのは，EdU の処理後(　ウ　)時間を経過したときである。S 期の最後の細胞が EdU 処理後(　ア　)時間でM期に入ったことから，S 期の時間は(　エ　)時間となる。

*チミンとデオキシリボースが結合した DNA の構成成分。

問1．(　ア　)～(　エ　)に適切な数値を入れて文章を完成せよ。

問2．下線部について，EdU を加えたまま洗浄除去することなく培養を続けたところ，EdU 添加後14時間ですべての細胞が蛍光色素で標識されるようになった。この14時間とは，細胞周期のどの時期に相当する時間か，簡潔に答えよ。

問3．問1および問2の結果から，G_1 期の時間を求めよ。

(17．北海道大)

ヒント

問2．標識されはじめるまでの時間が最も長い細胞が，EdU 添加時にどの時期にあり，標識されはじめるまでどの時期を経るのかを考える。

思考

☐ 42. 遺伝情報の発現 ■遺伝情報の発現に関する次の問いに答えよ。

ニーレンバーグやコラーナの研究グループは，次に示すような実験を行い，各コドンに対応するアミノ酸を明らかにした。下表は，彼らによって得られた遺伝暗号表である。

〔実験1〕 ACが交互にくり返すmRNAからはトレオニンとヒスチジンが交互につながったペプチド鎖が生じた。

〔実験2〕 （　ア　）の3つの塩基配列がくり返すmRNAからはアスパラギンとグルタミンとトレオニンのいずれかのアミノ酸だけからなる3種類のペプチド鎖が生じた。

表1　遺伝暗号表

		2番目の塩基									
		U		C		A		G			
1番目の塩基	U	UUU	（　イ　）	UCU	セリン	UAU	チロシン	UGU	システイン	U	3番目の塩基
		UUC		UCC		UAC		UGC		C	
		UUA	ロイシン	UCA		UAA	終止	UGA	終止	A	
		UUG		UCG		UAG		UGG	トリプトファン	G	
	C	CUU	ロイシン	CCU	プロリン	CAU	（　エ　）	CGU	アルギニン	U	
		CUC		CCC		CAC		CGC		C	
		CUA		CCA		CAA	（　オ　）	CGA		A	
		CUG		CCG		CAG		CGG		G	
	A	AUU	イソロイシン	ACU	（　ウ　）	AAU	（　カ　）	AGU	セリン	U	
		AUC		ACC		AAC		AGC		C	
		AUA		ACA		AAA	リシン	AGA	アルギニン	A	
		AUG	メチオニン	ACG		AAG		AGG		G	
	G	GUU	バリン	GCU	アラニン	GAU	アスパラギン酸	GGU	グリシン	U	
		GUC		GCC		GAC		GGC		C	
		GUA		GCA		GAA	グルタミン酸	GGA		A	
		GUG		GCG		GAG		GGG		G	

表中の（　イ　）～（　カ　）には，アスパラギン，グルタミン，トレオニン，ヒスチジン，フェニルアラニンのいずれかが入る。

問1．実験2で用いた（　ア　）の塩基配列は，次の①～⑤のうちのいずれかであった。（　ア　）に入る塩基配列として最も適切なものを，①～⑤のなかから1つ選べ。

①　AAC　　②　AAU　　③　ACU　　④　CAU　　⑤　UUU

問2．実験1と2から決定できる，コドンとそれに対応するアミノ酸の組合せとして適切なものを，次の①～⑦のうちから**2**つ選べ。

①　AAU　アスパラギン　　②　ACA　トレオニン　　③　ACC　トレオニン
④　CAC　ヒスチジン　　⑤　CAG　グルタミン　　⑥　CAU　ヒスチジン
⑦　UUU　フェニルアラニン

（20．埼玉医科大）

ヒント

問1，2．実験1と2で，トレオニンが共通していることに着目する。実験1と2で同じアミノ酸が現れるような塩基配列になるコドンを考える。

思考

43. 塩基配列の推定 ■植物の生殖に関わるルアーと呼ばれるタンパク質があり，シロイヌナズナにもある。このシロイヌナズナのルアーには83番目のアミノ酸が，アルギニンであるものとアラニンであるものがあり，後者の場合は生殖の効率が低下する。以下は，ルアーの83番目のアミノ酸前後を指定する mRNA の塩基配列である。(a)〜(d)の配列のうち，83番目がアラニンとなっている塩基配列は○を，そうでない塩基配列は×を，下の遺伝暗号表を参考にして選べ。なお，塩基配列は左から読むこと。

83番目がアルギニンでその前後を指定する塩基配列
AACUUUGUCGUUGCAGUAUU

(a) AACUUCGUCGUUGCAGUAUU
(b) AACUUUGUCGCUGCAGUAUU
(c) AACUUUGUGCUUGCAGUAUU
(d) AACUUUGUGCAUGCAGUAUU

		2番目の塩基					
		U	C	A	G		
1番目の塩基	U	UUU UUC フェニルアラニン UUA UUG ロイシン	UCU UCC UCA UCG セリン	UAU UAC チロシン UAA UAG 終止	UGU UGC システイン UGA 終止 UGG トリプトファン	U C A G	3番目の塩基
	C	CUU CUC CUA CUG ロイシン	CCU CCC CCA CCG プロリン	CAU CAC ヒスチジン CAA CAG グルタミン	CGU CGC CGA CGG アルギニン	U C A G	
	A	AUU AUC AUA イソロイシン AUG メチオニン(開始)	ACU ACC ACA ACG トレオニン	AAU AAC アスパラギン AAA AAG リシン	AGU AGC セリン AGA AGG アルギニン	U C A G	
	G	GUU GUC GUA GUG バリン	GCU GCC GCA GCG アラニン	GAU GAC アスパラギン酸 GAA GAG グルタミン酸	GGU GGC GGA GGG グリシン	U C A G	

（21．東京理科大）

ヒント
83番目のアミノ酸がアルギニンである塩基配列の，どの部分がアルギニンを指定するコドンになっているのかを確認する。(a)〜(d)のうち，その部分がアラニンを指定するコドンに変わっているかを確認する。

知識　計算

44. ゲノム ■大腸菌のゲノムの大きさを 5.0×10^6 塩基対として，下の各問いに答えよ。

問１．5.0×10^6 塩基対の二重らせん構造の長さは何 mm か。ただし，DNA の10塩基対の長さを 3.4×10^{-3} µm とする。

問２．大腸菌の遺伝子の数を4000とし，１つの遺伝子からつくられるタンパク質の平均アミノ酸数を375とすると，翻訳領域はゲノム全体の何％と考えられるか。

（17．北里大改題）

ヒント
問２．大腸菌の遺伝子数から全アミノ酸数を計算し，さらに翻訳領域の塩基対数を求める。

思考 計算

☐45. 遺伝情報とタンパク質合成

■次の文章を読み，以下の各問いに答えよ。

DNA にはタンパク質の合成に関する情報が保持されており，すべての生物はこの情報をもとにタンパク質を合成して生きている。

DNA から RNA が合成される過程を(　ア　)といい，さらに RNA からタンパク質が合成される過程を(　イ　)という。このような遺伝情報が一方向に流れる原則を(　ウ　)という。

下図は，ある DNA の遺伝情報をもとにタンパク質が合成されるまでの過程を模式的に示している。ただし，DNA，RNA の塩基配列の一部は空白にしてある。

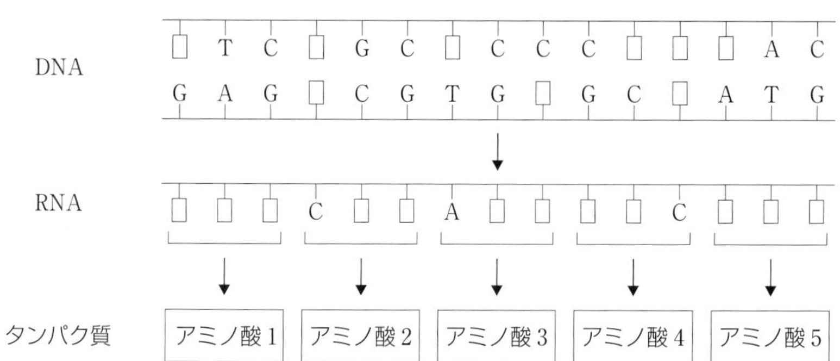

問 1．文章中の(　ア　)～(　ウ　)に入るもっとも適切な語をそれぞれ答えよ。

問 2．図の DNA の塩基配列をもとに合成される RNAの塩基配列として，もっとも適当なものを，次の①～⑥のなかから 1 つ選べ。

① GAGGCGTGGGCGATG　② GAGGCGUGGGCGAUG
③ GAGGCGTGGGCGAUG　④ CTCCGCACCCGCTAC
⑤ CUCCGCACCCGCUAC　⑥ CUCCGCACCCGCTAC

問 3．図に示すアミノ酸 1 ～アミノ酸 5 のうち，同じアミノ酸であると確実にいえるものの組み合わせとしてもっとも適当なものを，次の①～⑥のなかから 1 つ選べ。

① アミノ酸 1 とアミノ酸 3　② アミノ酸 1 とアミノ酸 5
③ アミノ酸 2 とアミノ酸 3　④ アミノ酸 2 とアミノ酸 4
⑤ アミノ酸 3 とアミノ酸 5　⑥ アミノ酸 4 とアミノ酸 5

問 4．ある生物の DNA を調べたところ，369万塩基対が含まれており，このうちの 5 %がタンパク質合成に用いられ，アミノ酸配列に対応することがわかった。この DNA から合成されるタンパク質がすべて1500個のアミノ酸からなるとするならば，この DNA にはタンパク質何種類分の遺伝情報が含まれることになるか。もっとも適当なものを，次の①～⑥のなかから 1 つ選べ。

① 41種類　② 123種類　③ 369種類　④ 61500種類　⑤ 184500種類
⑥ 1230000種類

(23．大阪河﨑リハビリテーション大改題)

ヒント

問 2．塩基の相補性から DNA の 2 本鎖のうち，どちらが鋳型となったのかに注意する。

3 ヒトのからだの調節

1 情報の伝達と体内環境の維持

❶体内環境と恒常性

体内の細胞は体液に浸されており，体液は体内環境(内部環境)と呼ばれる。生物のからだを取り巻く環境は，外部環境と呼ばれる。常に変化している外部環境におかれながら，体内の状態を安定に保ち，生命を維持する性質を恒常性(ホメオスタシス)という。

(a)　**体液の種類**　脊椎動物の体液は，血管内を流れる血液，組織の細胞の間を流れる組織液，およびリンパ管内を流れるリンパ液に分けられる。

(b)　**体内における情報の伝達**　組織や器官は協調し合って働いており，それらの間では，常にさまざまな情報の受け渡しが行われている。このしくみは，大きく分けて自律神経系と内分泌系とがあり，これらによって体内環境が一定の範囲内で保たれる。

自律神経系の特徴　神経が直接器官に情報を伝える。すばやく作用し，効果は短時間。

内分泌系の特徴　血液を介して標的器官にホルモンが運ばれる。ゆっくり作用し，効果は持続的。

❷恒常性と神経系

(a)　**ヒトの神経系**　神経細胞(ニューロン)などで構成される器官系を神経系という。脊椎動物の神経系は，中枢神経系と末梢神経系に分けられる。末梢神経系は体性神経系と自律神経系に分けられる。

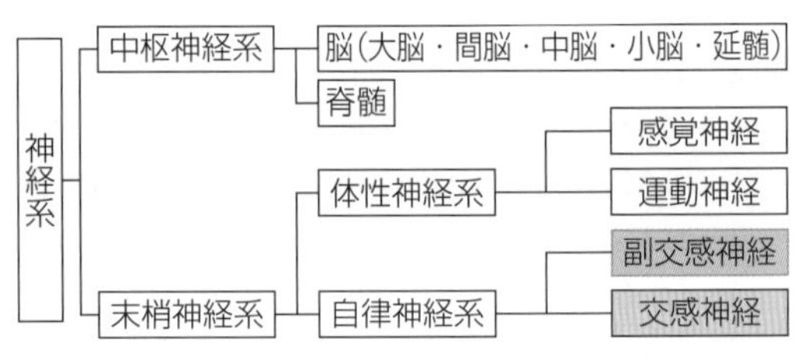

i）**脳幹の機能と働き**　中枢神経系の脳は，大脳，小脳，脳幹(間脳・中脳・延髄などからなる)に分けられる。脳幹は生命維持の中枢として重要な働きを担っている。

脳幹	間脳	視床	ほとんどの感覚神経の中継点となる。
		視床下部	自律神経系と脳下垂体を調節し，体温や血糖濃度などの調節の中枢が存在する。
	中脳		姿勢保持や瞳孔の大きさを調節する中枢が存在する。
	延髄		呼吸や心臓の拍動，消化管運動，だ液分泌を調節する中枢が存在する。
大脳			感覚や随意運動，記憶，思考などの中枢が存在する。
小脳			からだの平衡を保つ中枢が存在する。

ii）**脳死**　脳死は脳幹を含む脳全体の機能が不可逆的に消失した状態で，心臓の拍動や呼吸などの生命を維持する機能が失われている。大脳の機能を失っても脳幹の機能が維持され，生命維持の機能が残った状態は植物状態と呼び，脳死と区別される。

(b) 自律神経系による調節

自律神経は，主として心臓，肺，胃，小腸などの内臓諸器官や，消化腺・汗腺などに分布し，間脳の視床下部などによって支配されており意思とは直接関係なく，その働きを自律的に調節している。

i ）**自律神経の働き**　自律神経には交感神経と副交感神経とがあり，互いにきっ抗的に作用する。

交感神経…からだを活動的方向に調節する。

副交感神経…からだを疲労回復的方向に調節する。

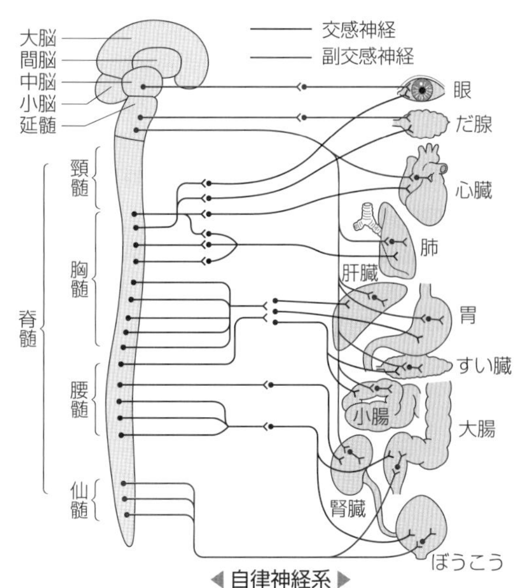

◀ 自律神経系 ▶

	眼（瞳孔）	皮膚（血管）	皮膚（立毛筋）	心臓（拍動）	気管支	胃（ぜん動）	副腎髄質（ホルモン分泌）	ぼうこう（排尿）
交感神経	拡大	収縮	収縮	促進	拡張	抑制	促進	抑制
副交感神経	縮小	―	―	抑制	縮小	促進	―	促進

ii ）**心臓の拍動調節**　心臓の拍動は，右心房にあるペースメーカーが起点となって，ここで生じた興奮が左右の心房と心室を規則的に収縮させることによって起こる。心臓の拍動は延髄にある拍動中枢によって調節される。拍動中枢が発した拍動の促進や抑制の命令は，それぞれ交感神経，副交感神経を介してペースメーカーに伝えられる。

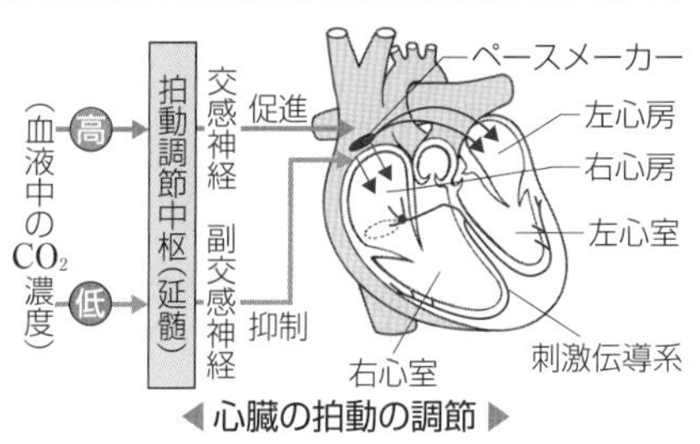

◀ 心臓の拍動の調節 ▶

発展　**神経伝達物質**

他のニューロンや細胞に接している部分をシナプスと呼び，末端から放出される神経伝達物質（副交感神経：アセチルコリン，交感神経：ノルアドレナリン）によって隣接する細胞に情報が伝えられる。

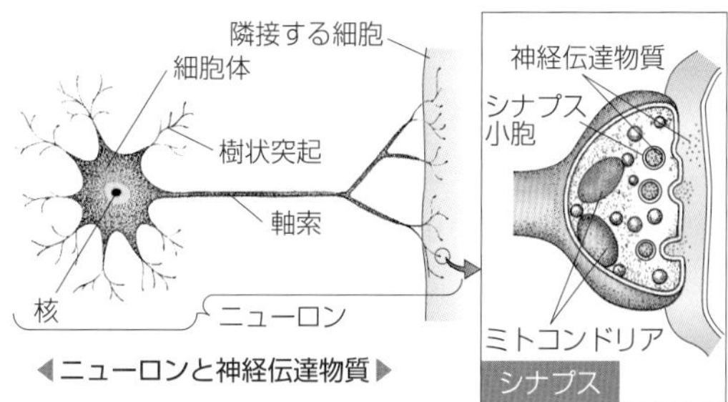

◀ ニューロンと神経伝達物質 ▶

❸恒常性と内分泌系

(a) **ホルモン**　ホルモンは，内分泌腺から直接体液に分泌され，血液によって運ばれる。その主成分はタンパク質やアミノ酸，ステロイド(コルチコイドなど)である。ホルモンは，そのホルモンの受容体をもつ標的細胞がある標的器官に作用する。ごく微量で作用し持続性がみられる。自律神経と協調して働くものが多い。

(b) **内分泌腺と外分泌腺**

外分泌腺…排出管を通じて，分泌物を消化管などの体外に出す(消化腺，汗腺など)。

内分泌腺…ホルモンなどを分泌する腺で，排出管をもたず，分泌物を体液(体内環境)中に直接出す。

内分泌腺		ホルモン	働き
視床下部		放出ホルモン 放出抑制ホルモン	脳下垂体のホルモン分泌の調節
脳下垂体	前葉	成長ホルモン	タンパク質の合成促進，骨や筋肉などの成長促進
		甲状腺刺激ホルモン	チロキシンの分泌促進
		副腎皮質刺激ホルモン	糖質コルチコイドの分泌促進
	後葉	バソプレシン	腎臓の集合管における水分の再吸収促進，血圧の上昇
甲状腺		チロキシン	代謝の促進
副甲状腺		パラトルモン	体液中のカルシウム量を増加
すい臓のランゲルハンス島	A細胞	グルカゴン	血糖濃度上昇
	B細胞	インスリン	血糖濃度減少
副腎	皮質	糖質コルチコイド	血糖濃度上昇
		鉱質コルチコイド	体液中のイオン濃度を調節
	髄質	アドレナリン	血糖濃度上昇，心臓の拍動促進

(c) **神経分泌細胞**　間脳の視床下部から分泌される放出ホルモンなど，脳の神経細胞がホルモンを分泌する現象を神経分泌といい，分泌する細胞を神経分泌細胞という。

(d) **ホルモン分泌の調節**　多くのホルモンの分泌は，間脳の視床下部から脳下垂体へ分泌されるホルモンによって調節される。このほか，自律神経系や，血しょう中の物質濃度の変化などを内分泌腺が直接感知することでも調節される。

i）**チロキシンの調節**　血液中のチロキシンが不足すると，甲状腺刺激ホルモン放出ホルモンや甲状腺刺激ホルモンが分泌され，甲状腺からのチロキシンの分泌が促進される。チロキシンの分泌量が過剰になると，チロキシンが視床下部や脳下垂体前葉に作用し，これらの働きを抑制する。このように，ある結果が原因にさかのぼって作用する調節のしくみをフィードバックといい，結果が原因を抑制する負のフィードバックと促進する正のフィードバックとがある。

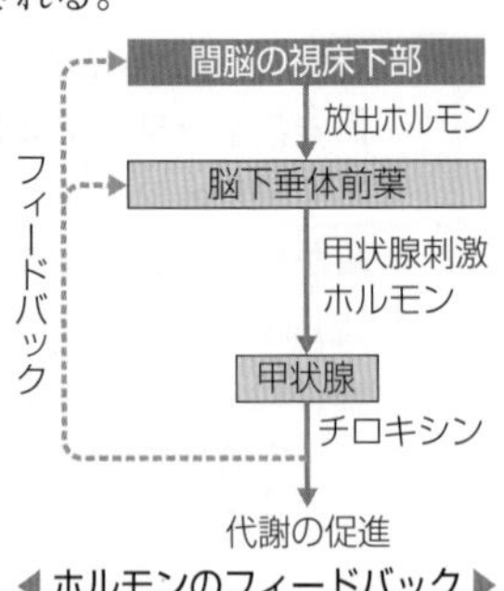

◀ホルモンのフィードバック▶

参考　体液と恒常性

腎臓の働き　尿を生成し，体液の濃度調節に関わる。腎臓にあるネフロンは，糸球体，ボーマンのう，細尿管で構成される機能上の単位である。尿は，ネフロンにおいて，血液成分のろ過と再吸収の過程を経て生成される。

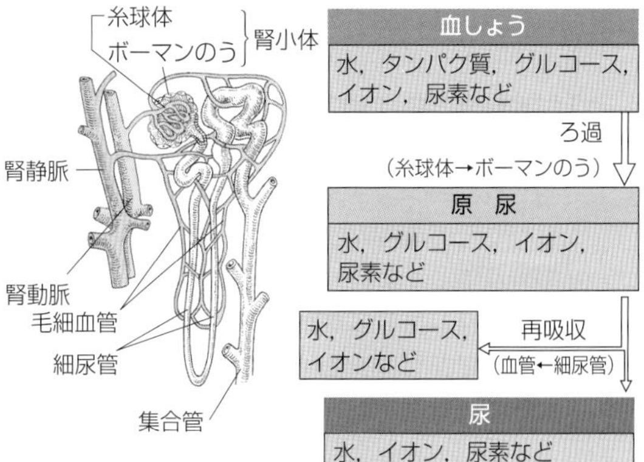

肝臓の働き　血液中に含まれる毒素の分解やタンパク質の合成・分解，アンモニアから尿素の合成，脂質の消化吸収に関わる胆汁の生成が行われる。また，グルコースをグリコーゲンの形で貯蔵したり，グリコーゲンをグルコースに分解したりして血糖濃度の調節にも関わる。消化管から吸収された物質は，まず肝門脈と呼ばれる血管を通って肝臓に送られ，そこで処理されてから全身に送られる。また，血液循環において，心臓から送られた血液の約 3 分の 1 は肝臓に送られる。代謝が盛んで，代謝に伴う熱の量も多いため，体温調節にも関わる。

❹血糖濃度の調節

(a)　**血糖濃度の調節**　健康なヒトの血液には，空腹時に 100mL 当たり 100mg(0.1%)のグルコースが含まれている。血液中のグルコースは血糖と呼ばれ，たえず消費されているが，その量はホルモンや自律神経の働きによって一定の範囲内に保たれている。食事量の不足や激しい運動，インスリンの過剰接種などで血糖濃度が低下しすぎると，脳の機能低下やけいれん・意識喪失などを生じ，ひどい場合は昏睡状態となる。

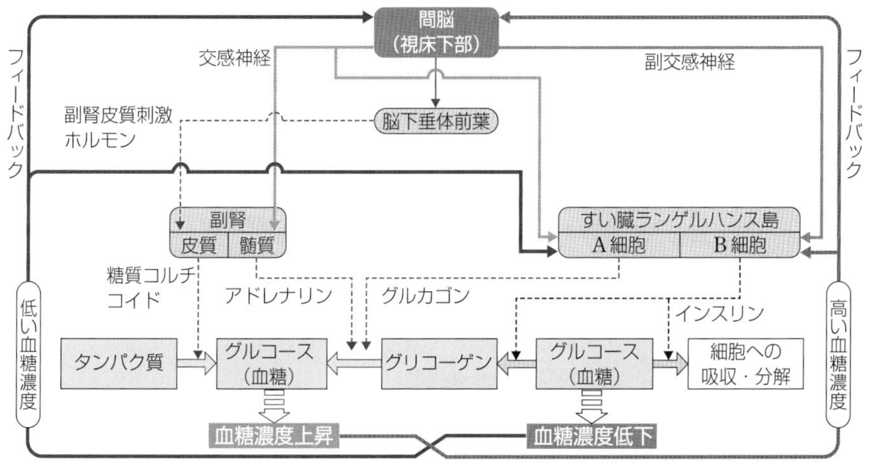

◀血糖濃度の調節▶

(b) **糖尿病**　血糖濃度が高くなったまま正常値に戻らない病気である。糖尿病のように高血糖の状態が続くと，腎臓でのグルコースの再吸収が間に合わなくなり，再吸収されなかったグルコースが尿中に排出されるようになる。

1 型糖尿病　免疫細胞によってランゲルハンス島B細胞が破壊され，インスリンが分泌されなくなる免疫疾患。

2 型糖尿病　1 型以外の原因でインスリンの分泌量が減少したり，インスリンに対する標的細胞の反応が低下したりする疾患。

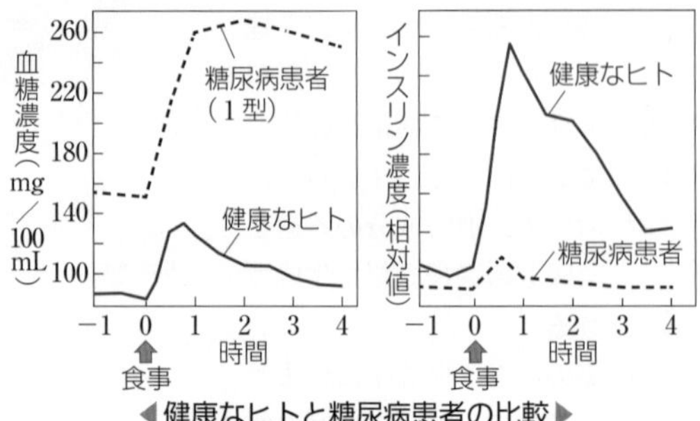

◀健康なヒトと糖尿病患者の比較▶

❺体温の調節

哺乳類や鳥類などの恒温動物では，体温を一定に保つしくみが発達している。

(a) **発熱量の調節**　外温の変化に応じて組織の代謝量を変化させ，発熱量を調節する。

(b) **放熱量の調節**　皮膚の血管の収縮・拡張，発汗量の増減，立毛筋の収縮・弛緩，皮下脂肪の増減，換毛(夏毛と冬毛)

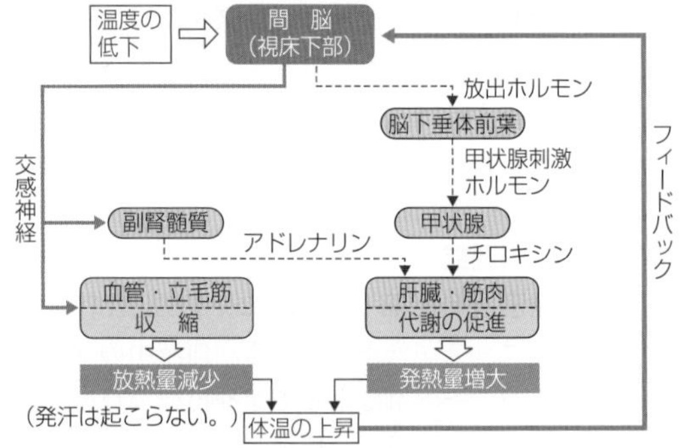

◀低体温に対する体温の調節▶

❻血液凝固

(a) **血液の働き**　血液は，細胞成分である血球と液体成分である血しょうとからなり，物質の運搬や体温調節，免疫などに関わる。

i) **血球**　血球には赤血球，白血球，血小板があり，それぞれ独自の働きをもつ。すべての血球は，骨の内部の骨髄に存在する造血幹細胞からつくられる。

成分	大きさ（直径μm）	数（個/μL）	機能
赤血球	7 ～ 8	380万～570万	酸素の運搬
白血球	6 ～15	4000～9000	免疫
血小板	2 ～ 4	15万～40万	血液凝固

(b) **血液の凝固**　血管が損傷して出血した場合，傷が小さければ自然に出血が止まる。このときみられる一連の現象を血液凝固という。

i) **血液凝固のしくみ**　血管が傷ついて血液が外に出ると，まず，血小板が集まって塊をつくる。次に，血小板や血しょう中の凝固因子などが反応し，フィブリンという繊維状のタンパク質が生じ，これが血球を絡めて血ぺいをつくる。

ⅱ）線溶　血管が修復されるころには，血ぺいは酵素の働きによって溶解する。血ぺいが，酵素によって溶解することを線溶(フィブリン溶解)という。

ⅲ）血清　血液を試験管などに入れ静置しても，血ぺいが生じて沈殿する。血ぺい以外の淡黄色の液体を血清という。血清には抗体などのタンパク質が含まれる。

2 免疫

皮膚や粘膜による病原体の侵入の阻止や，体内に侵入した病原体をリンパ球などによって排除したりする反応を生体防御という。体内に侵入した病原体を排除してからだを守る反応は，免疫と呼ばれる。免疫は，自然免疫と獲得免疫に分けることができる。自然免疫と獲得免疫は互いに活性化し，協調して病原体を排除する。

❶生体防御

(a) **物理的・化学的な生体防御**

ⅰ）物理的な生体防御

皮膚や上皮の働き　皮膚や消化管・気管の上皮は，細胞どうしが密着しており，異物が侵入しにくい。ウイルスは生きている細胞にしか感染できないため，死細胞が隙間なく重なる皮膚の表面(角質層)からは侵入が困難である。

粘膜の働き　気管や消化管などの粘膜は，粘液を分泌して微生物の付着を防いでいる。気管の粘膜では，繊毛の運動によって異物を体外に送り出す。

ⅱ）化学的な生体防御

皮膚や粘膜上皮	細菌の細胞膜を破壊するディフェンシンと呼ばれるタンパク質を含む。
涙やだ液	細菌の細胞壁を分解するリゾチームという酵素を含む。
汗や皮脂，胃酸	酸性であることから，微生物の繁殖を防ぐ効果がある。

(b) **白血球による病原体の排除**　マクロファージや好中球，樹状細胞などの白血球は，病原体を取り込んで殺菌し分解する。この働きは食作用と呼ばれる。

❷免疫に関わる細胞と組織・器官

(a) **免疫に関わる細胞**　マクロファージや好中球，樹状細胞，リンパ球など多くの種類の白血球が関わっている。食作用のある白血球は食細胞と呼ばれる。

好中球	白血球中で最も多数存在する。食作用を行う。
樹状細胞	食作用によって取り込んだ抗原の情報をヘルパーT細胞に提示する。
マクロファージ	食作用を行い，体内に侵入した異物を排除する。
リンパ球	細胞質が少なく，大きな核をもつ。
T細胞	胸腺で分化し，獲得免疫で働く。
ヘルパーT細胞	B細胞や自然免疫細胞を活性化する。
キラーT細胞	感染細胞などを直接攻撃して破壊する。
B細胞	抗体を産生する。骨髄で分化し，獲得免疫で働く。
ナチュラルキラー(NK)細胞	自然免疫で働き，感染細胞などを単独で攻撃して排除する。

(b) **免疫に関わる組織・器官** 免疫には，骨髄，胸腺，ひ臓，リンパ節，消化管などの組織・器官が関与する。

i）**骨髄** 赤血球や，B 細胞を含む種々の白血球がつくられる。

ii）**胸腺** 骨髄でつくられた未熟な血球から T 細胞が成熟する。

iii）**リンパ節** リンパ球や，病原体を取り込んだ樹状細胞などが集まる。

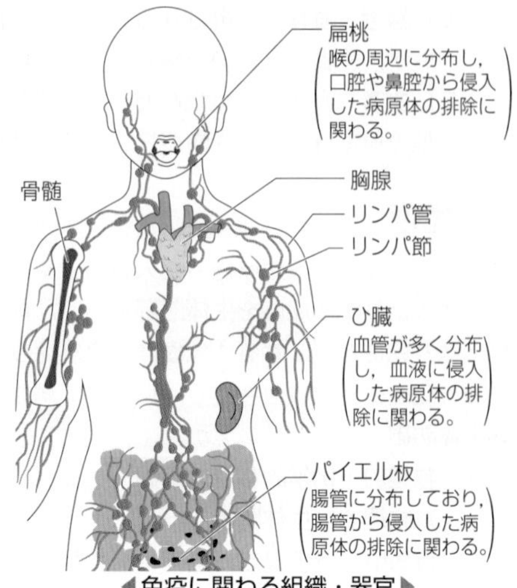

◀免疫に関わる組織・器官▶

❸自然免疫

病原体が共通してもつ特徴を幅広く認識し，食作用などで病原体を排除する免疫は，自然免疫と呼ばれる。

(a) **自然免疫のしくみ** 体内に侵入した病原体は，マクロファージや樹状細胞が食作用によって取り込んで分解する。さらに，感染部位に好中球やマクロファージなどが集められる(サイトカインと呼ばれる物質の影響)。また，病原体が侵入した細胞は，NK 細胞によって破壊される。

(b) **炎症** 自然免疫の反応により，局所が赤くはれ，熱や痛みをもつこと。

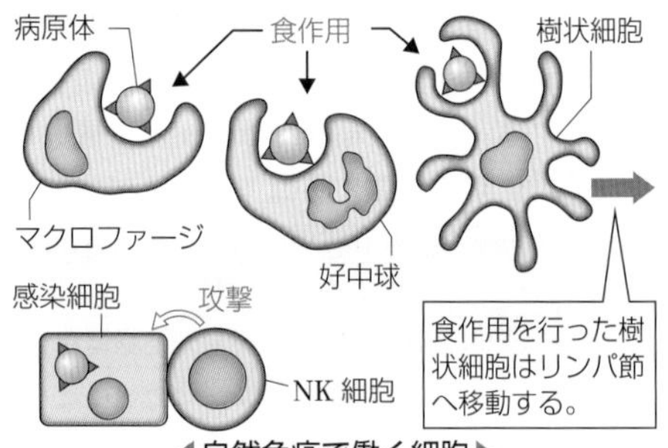

◀自然免疫で働く細胞▶

❹獲得免疫

特定の物質を認識したリンパ球が特異的に病原体を排除する免疫は，獲得免疫(適応免疫)と呼ばれる。リンパ球によって認識される物質を抗原という。

(a) **自然免疫による獲得免疫の誘導**

自然免疫で病原体を取り込んで活性化した樹状細胞は，細胞内で病原体を分解し，その断片を細胞表面に出す(抗原提示)。提示された抗原を認識したヘルパーT 細胞やキラーT 細胞が活性化することで，獲得免疫がはじまる。

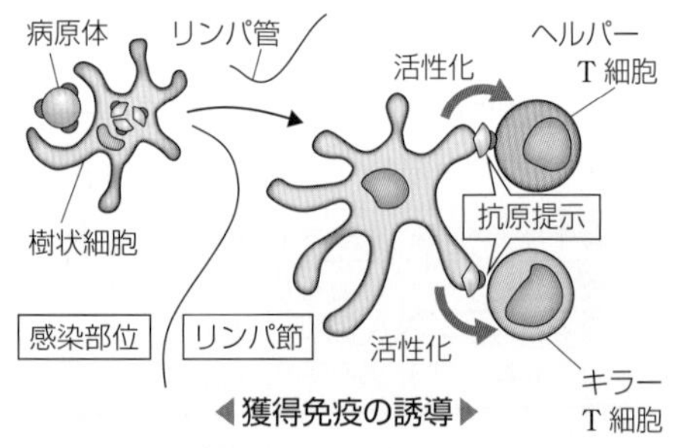

◀獲得免疫の誘導▶

(b) **リンパ球の抗原認識と抗体**

i）**リンパ球の抗原認識** 個々のリンパ球は，特定の抗原しか認識できない。特定の抗原を認識したリンパ球は活性化・増殖する。それぞれのリンパ球が異なる抗原を認識することで，それら全体としてはあらゆる抗原に対応できる。

ⅱ）**抗体**　抗体は，免疫グロブリンと呼ばれるY字形のタンパク質でできており，B細胞が分化した抗体産生細胞(形質細胞)によってつくられる。抗体は抗原と特異的に結合し，抗原抗体複合体を形成する。この反応は抗原抗体反応と呼ばれる。個々の抗体は，それぞれ特定の抗原にしか結合できないが，膨大な種類の抗体がつくられることで多様な抗原に対応できる。

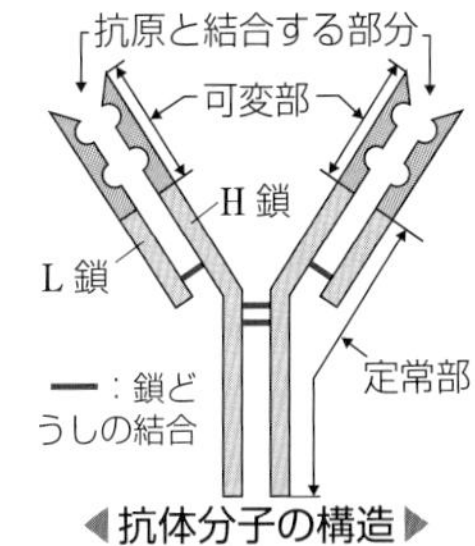

◀抗体分子の構造▶

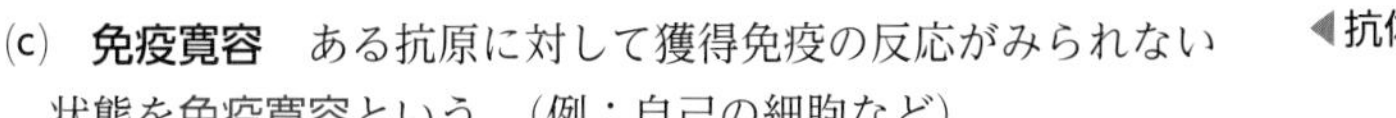
(c)　**免疫寛容**　ある抗原に対して獲得免疫の反応がみられない状態を免疫寛容という。(例：自己の細胞など)

(d)　**獲得免疫のしくみ**

ⅰ）**抗体による病原体の排除**　樹状細胞が提示した抗原を認識したヘルパーT細胞は，活性化して増殖する。同じ抗原を認識したB細胞は，このヘルパーT細胞によって活性化され抗体産生細胞(形質細胞)に分化して抗体をつくる。抗体は抗原と結合してこれを無毒化したり，食細胞やNK細胞による排除を促進したりする。

ⅱ）**自然免疫細胞の活性化**　活性化して増殖したヘルパーT細胞は，感染部位に移動してマクロファージや好中球，NK細胞を活性化させ，これらの細胞によって病原体が排除される。

ⅲ）**キラーT細胞による病原体の排除**　樹状細胞が提示した抗原を認識したキラーT細胞も，活性化して増殖する。キラーT細胞は特異的に感染細胞を攻撃・破壊する。

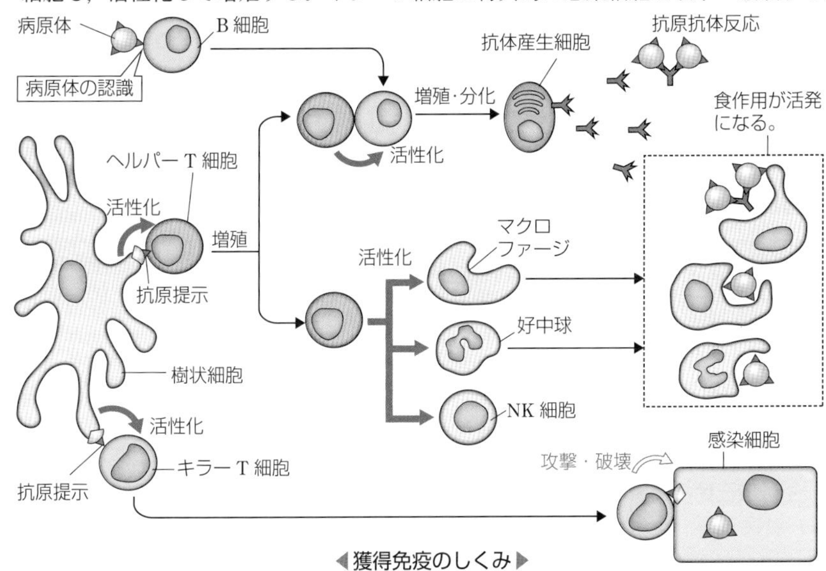

◀獲得免疫のしくみ▶

ⅳ）**獲得免疫が効果を現すまでの時間**　獲得免疫が効果を現すためには，リンパ球が増殖する必要がある。このため，自然免疫が病原体の侵入後数時間で効果を現すのに対して，獲得免疫が効果を現すには一週間以上の時間がかかる。

(e) **二次応答**　一度排除した病原体と同じ病原体が再び侵入したときに起こる急速で強い免疫反応を二次応答と呼ぶ。これは記憶細胞が，抗原と反応したことのないリンパ球に比べて，短時間で強い免疫反応を引き起こすためである。

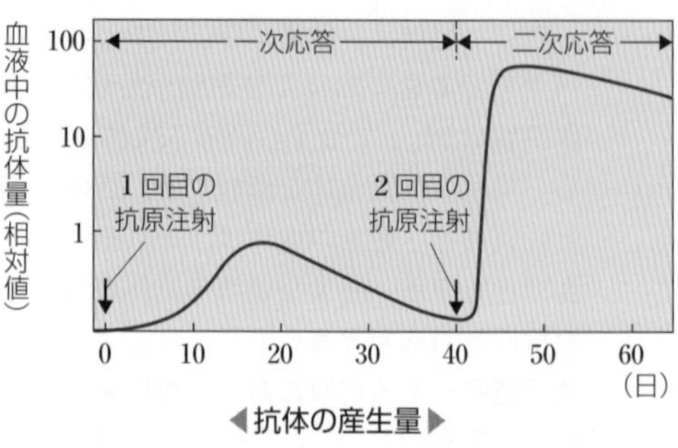

◀抗体の産生量▶

i）**免疫記憶**　活性化されたＢ細胞やヘルパーＴ細胞，キラーＴ細胞の一部は，記憶細胞として長期間体内に残る。このしくみを免疫記憶という。自然免疫には，免疫記憶のしくみはない。

ii）**拒絶反応**　別の個体の皮膚や臓器を移植した際に，定着しないで脱落する反応を拒絶反応という。移植された細胞に対する抗体がつくられたり，キラーＴ細胞が活性化されて移植片が攻撃されたりすることによって起こる。

- **皮膚の移植**　皮膚を移植して脱落した個体に，再度同じ皮膚を移植すると，記憶細胞が形成されているため，１回目の移植のときよりも拒絶反応が早く起こる。

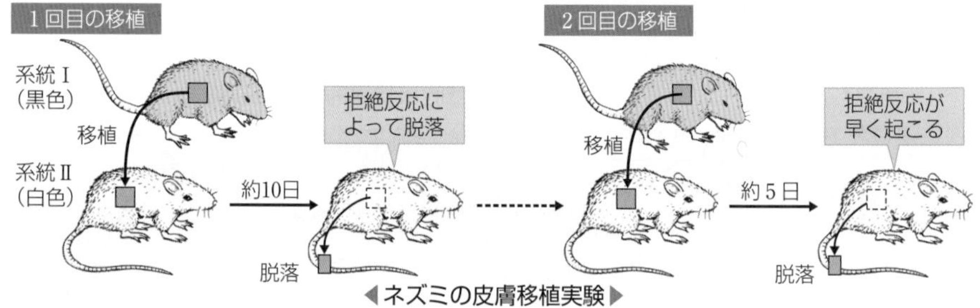

◀ネズミの皮膚移植実験▶

❺自然免疫と獲得免疫の特徴

	各細胞が認識する成分	ある病原体に反応する細胞	効果が現れるまでの時間	免疫記憶
自然免疫	病原体に共通する特徴を幅広く認識	ほぼすべての種類の細胞	数時間	なし
獲得免疫	１種類の特定の抗原を特異的に認識	ごく少数の細胞	１週間以上	あり

❻免疫と生活

(a) **自己免疫疾患**　自己の成分に対して免疫反応が起こり，組織の障害や機能異常が起こる疾患。免疫寛容のしくみに異常が生じたことが原因と考えられる。このような疾患は自己免疫疾患と呼ばれ，関節リウマチや重症筋無力症，１型糖尿病などがある。

(b) **アレルギー**　病原体以外の異物にくり返し接触した際に，これらの異物に対して異常な免疫反応が起こることをアレルギーという。アレルギーを引き起こす物質をアレルゲンという。花粉や鶏卵に含まれる物質などがアレルゲンとなる。

- アナフィラキシーショック　アレルゲンが2回目以降に入ったときに，特に激しい症状となる現象。ハチの毒やペニシリンなどで引き起こされ，死に至るような血圧低下や意識低下を引き起こすこともある。

(c) **免疫不全**　エイズ(後天性免疫不全症候群)は，HIV(ヒト免疫不全ウイルス)がヘルパーT細胞に感染し，ヘルパーT細胞を破壊して獲得免疫の働きが低下する病気である。HIVの感染をくり返すことで，ヘルパーT細胞の数は減少し，その結果，免疫が機能しなくなり，日和見感染症や，がんが発症しやすくなる。

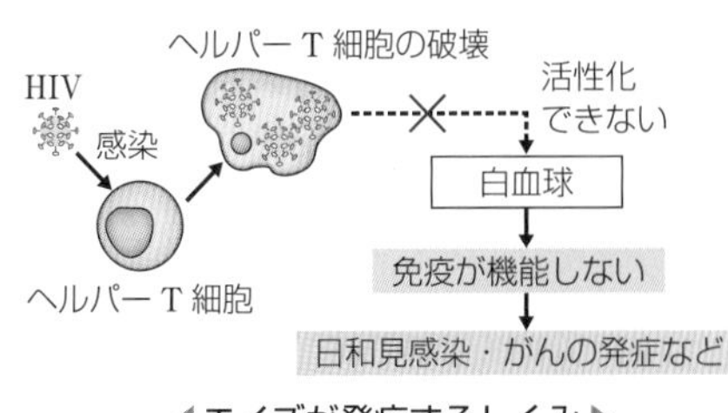

◀エイズが発症するしくみ▶

❼免疫と医療

(a) **予防接種**　無毒化(日本脳炎やインフルエンザ)，弱毒化(はしかや結核)した病原体や毒素をワクチンと呼ぶ。ワクチンを接種して記憶細胞を形成させ，病気の予防に役立てる。ワクチンを接種することを**予防接種**という。獲得免疫の二次応答を利用している。

(b) **血清療法**　ウマなどの動物に抗原を注射して抗体を産生させ，その抗体を含む血清を患者に接種して体内の病原体や毒素などを取り除く治療法を**血清療法**といい，ヘビ毒の治療に用いられている。

(c) **抗体医薬**　炎症に関わる物質や，がん細胞の増殖に関わる物質に対する抗体は，関節リウマチやがんに対する治療薬となる。このような治療薬を**抗体医薬**と呼ぶ。

(d) **血液の凝集**　異なるヒトの血液を混ぜ合わせたとき，赤血球どうしが集まって塊をつくることがある。この反応を赤血球の凝集という。この反応は，血しょう中に存在する抗体(凝集素)と赤血球の表面に存在する抗原(凝集原)とが抗原抗体反応を起こすことで生じる。

i) **ABO式血液型**　赤血球の凝集によって，ヒトの血液型はA型，B型，AB型，O型の4種類に分けられる。

- **凝集原**　赤血球表面にある多糖類(抗原となる)で，AとBの2種類がある。
- **凝集素**　血しょう中にある抗体で，抗A抗体と抗B抗体の2種類がある。
  ※抗A抗体のことをα，抗B抗体のことをβと表すこともある。
- 凝集　A＋抗A抗体またはB＋抗B抗体の組み合わせのときに起こる。

血液型	A型	B型	AB型	O型
凝集原	A	B	A，B	なし
凝集素	抗B抗体(β)	抗A抗体(α)	なし	抗A抗体(α)，抗B抗体(β)
抗A抗体に対する反応	＋	－	＋	－
抗B抗体に対する反応	－	＋	＋	－

＋：凝集する　－：凝集しない

プロセス　*Process*

□ **1** ヒトの中枢神経系について，次の働きや部位に当てはまるものを下の①～⑥のなかからすべて選び，番号で答えよ。

(1) 姿勢の保持や瞳孔の大きさを調節する中枢が存在する。

(2) 感覚や随意運動，記憶，思考，感情などの中枢が存在する。

(3) 呼吸運動や心臓の拍動，消化管運動などの調節中枢が存在する。

(4) 視床と視床下部からなる。

(5) 脳幹と呼ばれる部位に含まれる。

① 大脳　② 中脳　③ 小脳　④ 間脳　⑤ 延髄　⑥ 脊髄

□ **2** ホルモンについて，次の各問いに答えよ。

(1) ホルモンを分泌する器官のことを何というか。

(2) ホルモンが作用する器官は何と呼ばれるか。

(3) 最終結果が，前の段階(原因)にさかのぼって作用するしくみを何と呼ぶか。

(4) 甲状腺から分泌されるホルモンは何か。

□ **3** 血糖濃度の調節について，次の各問いに答えよ。

(1) 血糖濃度を上昇させる働きをもつ主なホルモンの名称を3つ答えよ。

(2) 血糖濃度を低下させる働きをもつホルモンとその内分泌腺の名称を答えよ。

(3) 血糖濃度調節の中枢はどこに存在するか。

□ **4** 免疫に関する次の文章の(　　)に当てはまる語を答えよ。

粘膜や皮膚表面の(　1　)などで物理的に，リゾチームや(　2　)などの物質で化学的に病原体の侵入を防いでいる。体内に侵入した病原体などの異物は，まず，(　3　)や(　4　)，好中球などに取り込まれる。このような白血球の働きは(　5　)と呼ばれる。(　5　)などで異物が排除される免疫のしくみは(　6　)と呼ばれる。獲得免疫では，(　3　)が，(　7　)に抗原提示を行う。(　7　)によって活性化されたB細胞は，(　8　)に分化して抗体を産生する。抗体は抗原と結合し，(　9　)を起こす。

□ **5** 免疫と生活に関する次の各問いに答えよ。

(1) 自己の成分に対して，抗体やキラーT細胞などの免疫担当細胞が反応することによって生じる病気を，総称して何というか。

(2) 病原体以外の異物に対して起こる異常な獲得免疫の反応を何というか。

(3) 移植した臓器などが定着せず，免疫反応によって脱落する現象を何というか。

(4) 予防接種に用いられる抗原は何と呼ばれるか。

(5) ウマなどの動物に毒素を接種してつくらせた抗体を用いる治療法を何というか。

Answer

1(1)②　(2)①　(3)⑤　(4)④　(5)②，④，⑤　**2**(1)内分泌腺　(2)標的器官　(3)フィードバック　(4)チロキシン　**3**(1)アドレナリン，グルカゴン，糖質コルチコイド　(2)インスリン，すい臓のランゲルハンス島B細胞　(3)間脳の視床下部　**4**(1)角質層　(2)ディフェンシン　(3)樹状細胞　(4)マクロファージ　(5)食作用　(6)自然免疫　(7)ヘルパーT細胞　(8)抗体産生細胞(形質細胞)　(9)抗原抗体反応　**5**(1)自己免疫疾患　(2)アレルギー　(3)拒絶反応　(4)ワクチン　(5)血清療法

基本例題9　自律神経とその働き

➡基本問題 47，48

図は，自律神経系の構成を示している。各問いに答えよ。

(1)　①と②の神経系を構成する神経の名称をそれぞれ答えよ。

(2)　自律神経の上位中枢となる部位を含む③の名称と，自律神経の起点の１つである④の名称を記せ。

(3)　自律神経系について正しい記述を次のア～ウのなかからすべて選べ。

ア．中枢は大脳にある。

イ．意思とは無関係に働く。

ウ．末梢神経系の１つである。

(4)　交感神経で抑制される作用や働きを次のア～エのなかからすべて選べ。

ア．胃のぜん動　　イ．心拍　　ウ．排尿　　エ．副腎髄質からのホルモン分泌

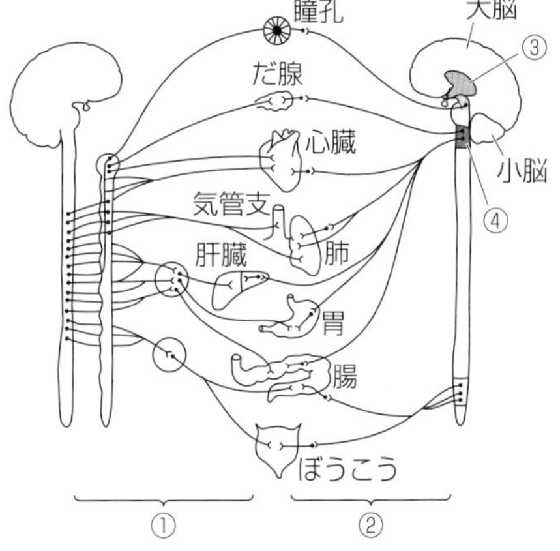

考え方　(1)①の神経系は，脊髄を起点として器官までの途中で別のニューロンに中継していることから，交感神経である。②の神経系は，中脳・延髄・仙髄を起点として器官の直前で別のニューロンに中継していることから，副交感神経である。(3)自律神経系の中枢は，大脳の支配を直接受けず，意思とは無関係に働く。(4)心拍(心臓の拍動)や副腎髄質からのホルモン分泌は促進される。

解答

(1)①…交感神経
②…副交感神経
(2)③…間脳　④…延髄
(3)イ，ウ　(4)ア，ウ

基本例題10　血糖濃度の調節

➡基本問題 50，51

血糖濃度の調節に関する次の文中の空欄に適する語を答えよ。

グルコースは，体内の細胞のエネルギー源となる重要な物質で，その血液中の濃度(血糖濃度)は一定の範囲に保たれている。細胞での代謝によってグルコースが消費されて血糖濃度が低下すると，すい臓の［　1　］のA細胞から［　2　］が分泌される。その結果，肝臓などに貯えられている［　3　］がグルコースに分解され，血糖濃度が上昇する。また，運動などによって血糖濃度が急に低下したときには，［　4　］を介して副腎髄質からの［　5　］の分泌が促進される。［　5　］は，肝臓の細胞に作用して［　3　］をグルコースに分解することを促進し，血糖濃度を上昇させる。さらに，脳下垂体前葉から分泌される［　6　］は副腎皮質からの［　7　］の分泌を促し，組織中のタンパク質などを糖へ変化させる反応を促進して血糖濃度を上昇させる。

考え方　血糖濃度を上げる働きをもつホルモンには，すい臓のランゲルハンス島A細胞から分泌されるグルカゴン，副腎髄質から分泌されるアドレナリン，副腎皮質から分泌される糖質コルチコイドがある。

解答　1…ランゲルハンス島　2…グルカゴン　3…グリコーゲン　4…交感神経　5…アドレナリン　6…副腎皮質刺激ホルモン　7…糖質コルチコイド

例題
解説動画

基本例題11　自然免疫のしくみ

➡基本問題 61

病原体が体内に侵入すると，マクロファージや[1]は病原体を認識して活性化し，[2]によって細胞内に取り込む。マクロファージは病原体を殺菌し，分解する。[1]は，リンパ節へ移動し，[3]を誘導する。

活性化したマクロファージは，[4]の細胞どうしの結合を緩めるとともに，好中球や単球，[5]を感染部位に召集する。食細胞は[2]により病原体を取り込み排除する。[5]は，ウイルスなどに感染した細胞を攻撃して破壊する。このような自然免疫の反応によって局所が赤くはれ，熱や痛みをもつことがある。

(1)　文中の[1]～[5]に適する語を答えよ。

(2)　下線部のような反応を何というか。

考え方　(1)免疫の基本的なしくみは，病原体を認識してこれを排除することである。免疫には，食細胞などが病原体を幅広く認識して排除する自然免疫と，T 細胞やＢ細胞が病原体を特異的に排除する獲得免疫とがある。(2)血しょうが組織側へもれ出て患部がふくらむことにもよる。

解　答　(1)1…樹状細胞　2…食作用　3…獲得免疫　4…毛細血管　5…NK 細胞
(2)炎症

基本例題12　獲得免疫のしくみ

➡基本問題 62

免疫に関する次の文章を読み，以下の各問いに答えよ。なお，右図は，獲得免疫の一部を示したもので，図中の番号は文中の番号の語と一致する。

リンパ球によって認識される物質は(　1　)と呼ばれる。獲得免疫では，①(　1　)と特異的に結合する物質が(　2　)によってつくられる。②これが(　1　)に結合することによって，その働きが抑えられたり，好中球やマクロファージなどに取り込まれやすくなったりして，体内から排除される。活性化された(　3　)の一部は，(　4　)となって長期間体内に残り，再び同じ病原体が侵入した際に，すばやくかつ強く免疫反応を起こす。

(1)　文中の(　1　)～(　4　)に最も適当な語を答えよ。

(2)　図中のＡとＢにあてはまる細胞を答えよ。

(3)　下線部①の物質は何か。また，この物質を構成するタンパク質の名称を答えよ。

(4)　下線部②の反応は何と呼ばれるか。

考え方　(1)・(2)脊椎動物の免疫は，大きく自然免疫と獲得免疫とに分けられる。獲得免疫は，樹状細胞が抗原提示をすることによってはじまる。(3)抗体は，免疫グロブリンと呼ばれるタンパク質からできている。

解　答　(1)1…抗原　2…抗体産生細胞(形質細胞)　3…Ｂ細胞　4…記憶細胞
(2)Ａ…樹状細胞　Ｂ…ヘルパーＴ細胞
(3)抗体　タンパク質の名称…免疫グロブリン
(4)抗原抗体反応

基本問題

知識

46. 恒常性と体液 ●次の文章を読み，下の各問いに答えよ。

脊椎動物の細胞は，（　1　）と呼ばれる液体に浸されている。（　1　）は，からだを取り巻く外部環境に対して（　2　）と呼ばれる。脊椎動物のからだは，外部環境の変化による影響を常に受けているにも関わらず，（　2　）の変化は一定の範囲内に保たれている。このような，体内の状態を安定に保って生命を維持する性質は，（　3　）と呼ばれる。

問1．文章中の（　1　）～（　3　）に最も適する語を入れよ。

問2．血液の液体成分は何と呼ばれるか。

問3．血液の液体成分が毛細血管からしみ出たものを何と呼ぶか。

問4．血液の細胞成分には何があるか。

知識

47. ヒトの神経系 ●次の文章を読んで下の各問いに答えよ。

神経細胞（ニューロン）などで構成される器官をまとめて神経系と呼び，外部環境から得た情報を処理したり，器官や組織に情報を伝達したりする。図1は，ヒトの神経系をまとめたものであり，図2は，側面から見た脳の断面を模式的に示したものである。

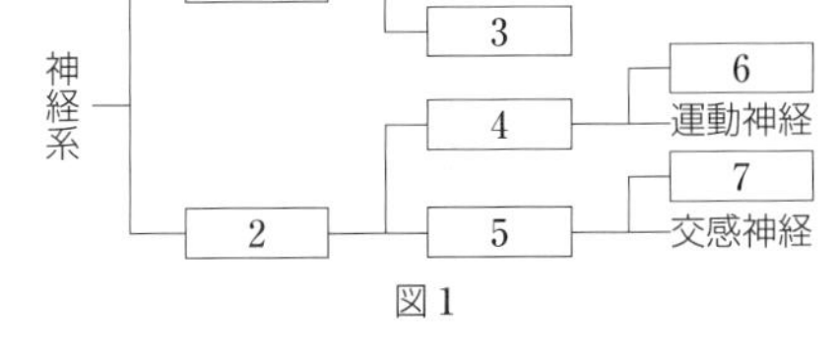

図1

問1．図1の1～7に最も適する語を入れよ。

問2．図2のア～キの部位の名称を答えよ。

問3．図2のウ～キの部位の働きなどを説明した文を，下の①～⑤のなかからそれぞれ選び，番号で答えよ。

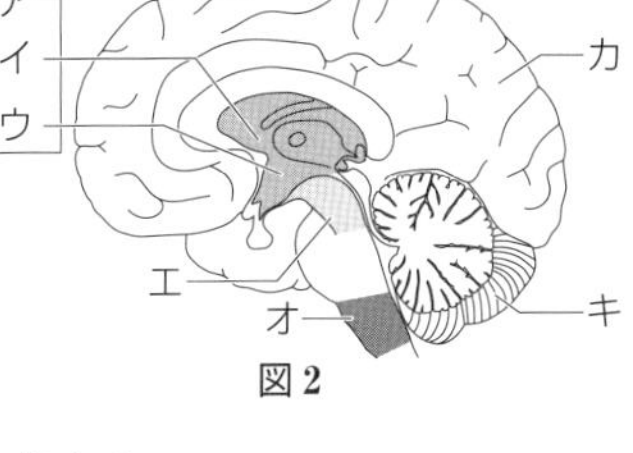

図2

① からだの平衡を保つ中枢が存在する。

② 体温や血糖濃度などの調節中枢が存在する。

③ 呼吸運動や心臓の拍動などの調節中枢が存在する。

④ 記憶，判断，創造などの高度な精神作用の中枢が存在する。

⑤ 姿勢を保つ中枢や，瞳孔を調節する中枢が存在する。

問4．脳死とは，どの部分の機能が消失しているか。ア，エ～キのなかからすべて選び，記号で答えよ。

知識

48. 自律神経系とその働き ●自律神経には，交感神経と副交感神経がある。下の表は，それぞれの器官への作用をまとめたものである。空欄に適する語を答えよ。

	心臓（拍動）	胃（ぜん動運動）	瞳孔	皮膚の血管	立毛筋
交感神経	（ア）	（ウ）	（オ）	（キ）	（ク）
副交感神経	（イ）	（エ）	（カ）		

知識

☐49. 恒常性と内分泌腺 ●次の文章を読んで下の各問いに答えよ。

内分泌系では，ホルモンが(　1　)から血液中に分泌され，細胞間の情報伝達を担う。ホルモンは，特定の器官や組織に作用する。ホルモンが作用する器官は(　2　)と呼ばれ，特定のホルモンと結合する(　3　)をもつ細胞が存在する。(　3　)にホルモンが結合すると特定の反応が起こる。

脳の神経細胞のなかには，ホルモンを分泌するものがあり，(　4　)と呼ばれる。脳下垂体前葉に作用する放出ホルモンや放出抑制ホルモンなどを分泌するものや，脳下垂体後葉まで伸びて，(　5　)を生成して分泌するものもある。

問1．文章中の(　1　)～(　5　)に最も適する語を入れよ。

問2．ホルモンの分泌調節のしくみに関する次の図のア～エに適切な語を記入せよ。

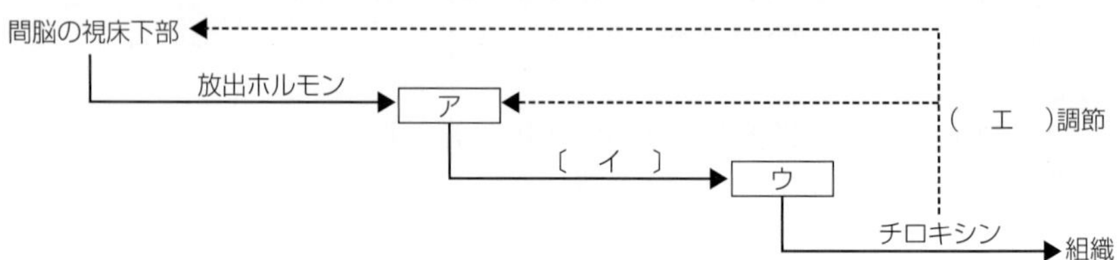

知識

☐50. 血糖濃度の調節① ●次の文章を読んで下の各問いに答えよ。

細胞は，生命活動のエネルギー源として，多くの場合，グルコースを利用する。血液中に含まれるグルコースは血糖と呼ばれ，健康なヒトにおける空腹時の血糖濃度は，血液100mL当たり約(　A　)mg，質量%にすると(　B　)%である。血糖濃度が通常よりも大幅に低い状態が続くと，意識消失などの症状が生じる。そのため，血糖濃度を一定の範囲内に保つことは，生命の維持に重要である。また，下の図は，血糖濃度調節のしくみを模式的に示したものである。

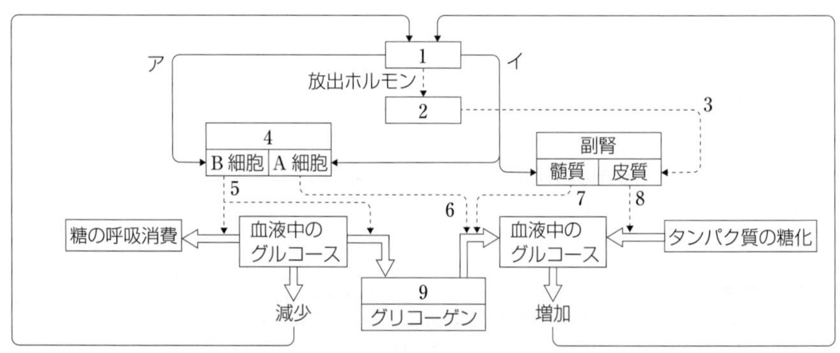

問1．文章中の空欄A，Bにあてはまる値を次の①～⑥のなかから選び，番号で答えよ。

①　0.01　　②　0.1　　③　1　　④　10　　⑤　100　　⑥　1000

問2．図のアとイには神経名を，1～9には組織やホルモンなどの名称を記入せよ。

問3．フィードバックとはどのようなしくみか，簡潔に述べよ。

知識

☐51. 血糖濃度の調節②

次の文章を読んで下の各問いに答えよ。

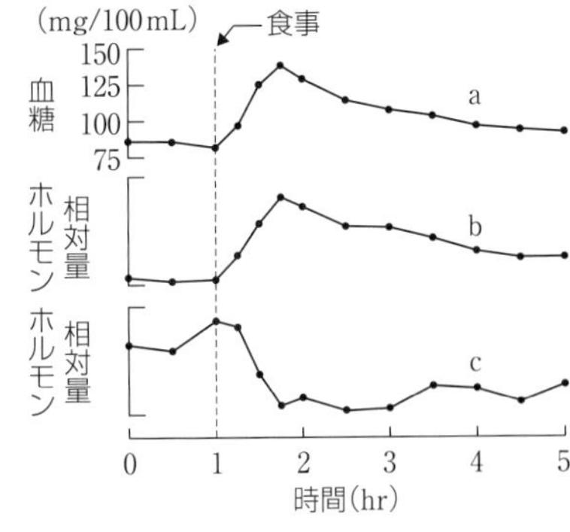

糖を含む食物を食べると，消化・吸収されて血液中のグルコース(血糖)濃度が上昇する。右の図のaは，食事の前後での血糖濃度の変化を，①bとcはその間にすい臓から分泌される2種のホルモンの血液中の濃度の変化を示す。血糖濃度は，食後数時間以内にほぼもとの値にまで下がる。こうした調節機構は，激しい運動などによって血糖濃度が低下した場合にも働いており，血糖濃度は短時間でもとに戻る。このように，②血糖濃度はいつも一定の範囲内に維持されている。

問1．下線部①のb，cのホルモンの名称とそれらを分泌するすい臓内の部位を答えよ。

問2．激しい運動などによって血糖濃度が低下した場合，b，cのホルモンの分泌量はどのように変化するか。

問3．下線部②のように，生物の体内環境が一定に保たれる性質を何というか。

問4．1型糖尿病とは，どのようなしくみで発症するか，簡潔に述べよ。

問5．図のaのように，血糖濃度が時間とともに減少する原因の1つに，肝臓の働きが関わる。血糖は，肝臓において何という物質に変化するか。物質名を答えよ。

知識

☐52. 体温の調節

鳥類や哺乳類などでは外界の温度が変化しても体温を一定に保つ調節機能が発達しており，四季を通じて一定の活動を続けることができる。下図は，寒冷時におけるヒトの体温調節機構を模式的に示したものである。次の各問いに答えよ。

問1．体温の調節中枢はどこにあるか。

問2．図中の内分泌腺Ⅰ，ホルモンa～eの名称を次の語群からそれぞれ選び，記号で答えよ。なお，dは副腎皮質から，eは副腎髄質から分泌される。

ア．脳下垂体後葉　　イ．チロキシン
ウ．甲状腺刺激ホルモン　　エ．甲状腺
オ．副腎皮質刺激ホルモン　　カ．肝臓
キ．糖質コルチコイド　　ク．アドレナリン

問3．図中のⅡに示すような調節作用を何と呼ぶか。

問4．図中のⅢは神経を示している。神経の名称を答えよ。

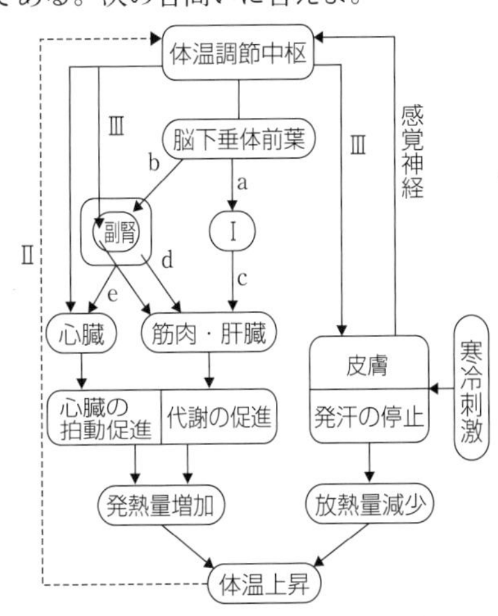

問5．放熱を抑えるため，発汗停止以外に，皮膚ではどのような反応がみられるか答えよ。

知識

☐53. 腎臓の構造と働き① ●右図は，腎臓の構造を模式的に示したものである。ヒトの腎臓に関する下の各問いに答えよ。

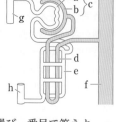

問1．図中のa～hの名称を答えよ。

問2．血液の成分はaからbへろ過される。次のア～カのなかから，ろ過されないものを2つ選び，記号で答えよ。

ア．血球　イ．グルコース　ウ．尿素　エ．Na^+

オ．タンパク質　カ．水

問3．図中のdの部分が担う働きを，次の①～④のなかから1つ選び，番号で答えよ。

① ろ過　② タンパク質の分解　③ 必要な物質の再吸収

④ グルコースの分解

問4．腎臓における水分の再吸収を促進するホルモンと，それを分泌する内分泌腺の名称を答えよ。

思考 計算

☐54. 腎臓の構造と働き② ●次の文章を読み，下の各問いに答えよ。

血しょうは，ボーマンのうにこし出されて原尿となる。原尿中の成分のうち，再吸収されないものは，水が再吸収されることで結果として濃縮され，尿の成分として排出される。

表は，健康なヒトの血しょう，原尿，尿における各種成分の質量パーセント濃度(%)を示したものである。また，腎臓でまったく再吸収も分泌もされない物質であるイヌリンを用いて濃縮率を調べたところ120であった。

成分	血しょう(%)	原尿(%)	尿(%)
A	0.03	0.03	2
B	7.2	0	0
C	0.3	0.3	0.34
D	0.001	0.001	0.075
E	0.1	0.1	0

問1．表中の成分Eの名称を答えよ。

問2．表中の成分のうち，濃縮率の最も高い成分の記号と，その濃縮率を答えよ。

問3．表中の成分のうち，再吸収される割合が水に最も近いものの記号を答えよ。

問4．1日の尿量が1.5Lであったとき，1日に何Lの血しょうがろ過されたと考えられるか。イヌリンの濃縮率をもとに計算せよ。

問5．成分Cの1日の再吸収量は何gか。

知識

☐55. 肝臓の働き ●肝臓に関する次の文から，正しいものを1つ選び，番号で答えよ。

① すい臓のランゲルハンス島B細胞から放出されるグルカゴンによって，肝臓でグルコースからグリコーゲンを合成する反応が抑制され，その結果，血糖濃度が上昇する。

② 体温が低下すると，間脳の視床下部がそれを感知して甲状腺が刺激され，その結果，肝臓での代謝が促進されて体温が上昇する。

③ 尿素は，肝臓で比較的毒性の低いアンモニアに変えられ，それが腎臓で尿の成分となって排出される。

④ 小腸から吸収した物質は，まず肝臓に送られる。吸収した物質のうちタンパク質は，肝臓でろ過されないため，全身を循環する。

⑤ 消化液の1つであるすい液は，肝臓で生成されてすい臓に送られる。

知識

☐56. 内分泌腺とホルモンの働き ●次の各問いに答えよ。

問1．右図は，ヒトの内分泌腺を示したものである。①～⑦の内分泌腺の名称を答えよ。また，内分泌腺から分泌されるホルモンの名称をA群から，その主な働きをB群からそれぞれ選び，記号で答えよ。

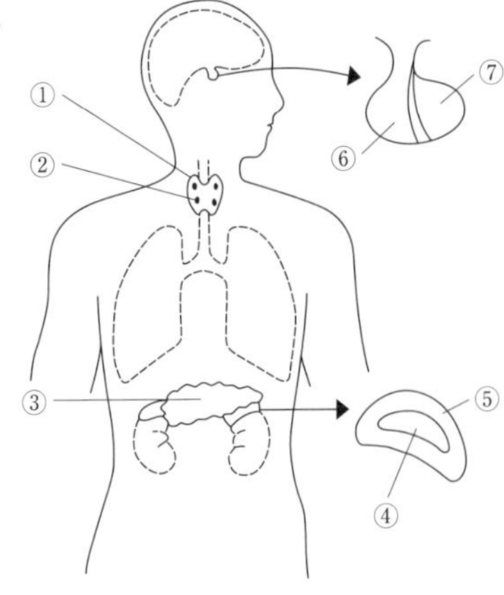

〔A群〕

ア．糖質コルチコイド　イ．アドレナリン
ウ．成長ホルモン　エ．チロキシン
オ．パラトルモン　カ．バソプレシン
キ．インスリン

〔B群〕

a．血液中のCa^{2+}を増加
b．代謝を促進　c．腎臓での水分の再吸収を促進
d．タンパク質の合成や骨の発育などを促進　e．グリコーゲンの分解を促進
f．タンパク質からの糖の生成を促進　g．グリコーゲンの合成を促進

問2．各種の放出ホルモンや放出抑制ホルモンを分泌し，脳下垂体のホルモン分泌の調節を行っているのはどこか。その部位の名称を答えよ。

知識

☐57. 血液の働きと成分 ●次の文章を読んで下の各問いに答えよ。

血液は，栄養分やホルモン，酸素，二酸化炭素などの運搬や，体温調節や免疫に関わっている。血液は，細胞成分である血球と液体成分である（　1　）からなる。出生後，すべての血球は骨の内部の骨髄に存在する（　2　）からつくられる。

問1．文章中の（　　）内に最も適する語を入れよ。

問2．右の表中に当てはまる数値や語を下の語群から選び，番号で答えよ。

	大きさ(直径μm)	数(個/μL)	機能
赤血球	ア	エ	キ
白血球	イ	オ	ク
血小板	ウ	カ	ケ

〔語群〕

①　2～4　②　7～8　③　6～15　④　4000～9000　⑤　15万～40万
⑥　380万～570万　⑦　免疫　⑧　血液凝固　⑨　酸素の運搬

知識

☐58. 血液凝固のしくみ ●次の文中の（　　）に適する語を答えよ。

血管が損傷して出血すると，血管の破れたところに（　1　）が集まって塊をつくる。（　1　）から放出される凝固因子と血しょう中の凝固因子の働きで，（　2　）と呼ばれる繊維状のタンパク質の形成が促進される。（　2　）は血球を絡めて（　3　）をつくる。血管の損傷が修復される頃になると（　3　）は（　4　）と呼ばれる作用で溶解される。血液を試験管に入れて静置すると（　3　）が沈殿する。（　3　）以外の淡黄色の液体を（　5　）と呼ぶ。

知識

☑59．物理的・化学的な生体防御

●次の文章を読み，空欄に適する語を答えよ。

ヒトのからだは，異物の侵入を防ぐ構造やしくみをもっている。たとえば，皮膚の表面の［ 1 ］は死細胞でできており，ウイルスは［ 2 ］細胞にしか感染できないため，侵入できない。汗腺や皮脂腺から分泌される汗や皮脂は［ 3 ］性で，微生物の繁殖を妨げる効果をもつ。涙やだ液には細菌の細胞壁を分解する酵素である［ 4 ］，皮膚や粘膜には細菌の細胞膜を破壊する［ 5 ］などの抗菌物質が含まれている。また，気管支の粘膜の細胞は，［ 6 ］を分泌して異物の付着を防いでいる。

知識

☑60．免疫に関わる細胞や器官

●免疫に関する細胞や器官に関する次の各問いに答えよ。

問1．食細胞とリンパ球のそれぞれにあてはまるものを，次の①～⑧のなかからすべて選び，番号で答えよ。

① マクロファージ　② B細胞　③ 樹状細胞　④ ヘルパーT細胞
⑤ キラーT細胞　⑥ 血小板　⑦ NK細胞　⑧ 好中球

問2．問1の①～⑧のうち，自然免疫に関わるものをすべて選び，番号で答えよ。

問3．右図のA～Dで示した，免疫に関係する組織や器官の名称を，次の①～④のなかからそれぞれ選び番号で答えよ。また，それぞれの働きを下のア～エから選び，記号で答えよ。

① 胸腺　② 骨髄　③ ひ臓
④ リンパ節

ア．血液中の病原体を排除する。
イ．T細胞が分化する。
ウ．リンパ液中の病原体を排除する。
エ．白血球がつくられ，B細胞が分化する。

知識

☑61．自然免疫のしくみ

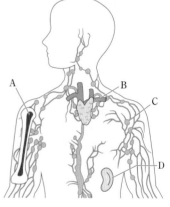

●次のⅠ～Ⅴの文は，自然免疫で起こる反応を説明したものである。ただし，Ⅰ～Ⅴの番号は，反応の順序を示すものではない。下の各問いに答えよ。

Ⅰ　病原体を認識して活性化した（ 1 ）は，毛細血管の細胞どうしの結合を緩める。
Ⅱ　活性化した（ 1 ）や体液成分は，好中球や単球を感染部位に招集する。
Ⅲ　（ 1 ）は病原体を殺菌し，分解する。樹状細胞は，（ 2 ）へ移動して獲得免疫を誘導する。
Ⅳ　（ 1 ）や樹状細胞は，病原体を認識して，食作用によって細胞内に取り込む。
Ⅴ　感染部位に集まった食細胞は，食作用によって病原体を取り込んで排除する。

問1．文章中の（　　）内に最も適する語を入れよ。
問2．Ⅰ～Ⅴのなかで，病原体の侵入後，最初に起こるのはどれか。
問3．自然免疫において，感染細胞を攻撃して破壊する細胞を答えよ。
問4．炎症とは何か，簡潔に述べよ。

知識

□62. 獲得免疫のしくみ① ●次の文章を読んで下の各問いに答えよ。

獲得免疫では，リンパ球がウイルスや細菌などを特異的に認識して排除する。リンパ球によって認識される物質は，（　1　）と呼ばれる。

病原体を認識して活性化し，病原体を食作用で取り込んだ（　2　）は，近くのリンパ節へ移動し，ア取り込んで分解した病原体の断片を細胞表面に出してT細胞へ提示する。提示を受けたヘルパーT細胞や（　3　）が活性化することで獲得免疫は誘導される。

獲得免疫には，抗体と呼ばれるタンパク質も関与する。抗体は（　4　）と呼ばれるタンパク質でできており，B細胞が分化した（　5　）によってつくられる。イ抗体は，（　1　）と特異的に結合する。

異物を認識したリンパ球の一部は，（　6　）として体内に残る。このような一度反応した抗原の情報が体内に残って記憶されるしくみは（　7　）と呼ばれる。このしくみがあるため，ウ同じ異物が再び侵入した際は，すみやかに獲得免疫が起こる。

エある（　1　）に対して獲得免疫がみられない状態がある。たとえば，自己のからだの成分に対しては，ふつう，免疫反応は起こらない。

問1．文章中の（　1　）～（　7　）に最も適する語を入れよ。

問2．下線部アに関して，このことを何と呼ぶか。

問3．下線部イに関して，この反応を何と呼ぶか。また，結合したものを何と呼ぶか。それぞれ答えよ。

問4．下線部ウに関して，この反応を何と呼ぶか。

問5．下線部エに関して，次の各問いに答えよ。

(1)　この状態を何と呼ぶか。

(2)　自己の成分に対して，この状態が破綻することで生じる疾患を何と呼ぶか。

知識

□63. 獲得免疫のしくみ② ●次の文章を読んで下の各問いに答えよ。

免疫には，①ウイルスなどの病原体に感染した細胞やがん細胞などを，②直接，キラーT細胞などが攻撃するしくみがある。このような，細胞が直接作用する免疫のしくみは（　1　）と呼ばれる。

同種の動物でも，別の個体の皮膚を移植すると，ほとんどの場合で定着せず，脱落してしまう。これは，移植された皮膚が，異物(抗原)として認識されることで起こり，キラーT細胞などが移植された皮膚を攻撃することで脱落が起こる。移植の際にみられるこのような反応は，（　2　）反応と呼ばれる。異物を認識したT細胞の一部は，（　3　）として残るため，再び同じ個体の皮膚を移植すると1回目よりも早く脱落する。

問1．文中の（　1　）～（　3　）に適する語を答えよ。

問2．下線部①に関して，これらの細胞は，自然免疫で働くリンパ球によっても攻撃される。このリンパ球の名称を答えよ。

問3．下線部②のしくみに対して，抗体が関与する免疫のしくみは何と呼ばれるか。

知識

☐**64. 自然免疫と獲得免疫の特徴** ●次の①～⑥の文は，ア．自然免疫に関係する，イ．獲得免疫に関係する，ウ．両方の免疫に関係する，または，エ．免疫が関係しない，のいずれに該当するか。それぞれについてア～エの記号で答えよ。

① 抗原認識は，病原体を特異的に認識する。　② 樹状細胞が関与している。
③ 数時間で効果が現れる。　④ 出血した血液が凝固する。
⑤ 免疫記憶が形成される。　⑥ 抗原抗体反応が起きる。

知識

☐**65. 抗体と抗原** ●次の文のなかから正しいものを１つ選べ。

① 抗体には血液凝固に関係する作用をもつものがある。
② 生体に侵入する無数の種類の抗原それぞれと結合できる抗体が存在するのは，１つの抗体が，さまざまな種類の抗原に結合することができるからである。
③ 抗体は，ヘルパーＴ細胞の働きを受けてＢ細胞から分化した細胞が産生するタンパク質の一種である。
④ 抗原となりうるのは，分子量10000以上のタンパク質のみである。
⑤ １回目の抗原刺激により，抗体を産生したすべてのＢ細胞は記憶細胞になる。

知識

☐**66. 免疫と生活** ●免疫と生活に関するア～オの文について，それぞれに関連する語を下の語群の①～⑥のなかから選べ。ただし，①～⑥の語のなかには，ア～オの文と関係のないものが１つ含まれている。

ア．このウイルスの感染によって，ヘルパーＴ細胞が破壊され，免疫のしくみが正常に働かなくなり，日和見感染症やがんの原因となる。2020年において，感染者数は全世界で約3800万人おり，これが原因による死者は年間で約70万人いる。
イ．結核は，細菌が原因となって起こる肺の病気で，日本において主要な感染症の１つである。乳児期に原因となる細菌の成分を接種することで，発症を52～74％程度予防することができるといわれている。
ウ．北里柴三郎とベーリングによって開発された。くり返し投薬すると，医薬品に含まれる成分に対して抗体がつくられ，障害を引き起こすことがある。そのため，現在ではあまり行われなくなった。
エ．食品の成分表示において，えび，かに，小麦，そば，卵，乳，落花生，くるみは特定原材料と呼ばれ，表示が義務化されている。これらは，人によっては摂食すると重篤な症状が現れ，死に至る危険がある。
オ．特定の物質に対する免疫グロブリンが製造できるようになり，現在ではリウマチの症状を改善する医薬品が開発されている。これに関連して，本庶佑は，がん治療における画期的な発見をして2018年にノーベル賞を受賞した。

【語群】
① 自己免疫疾患　② 血清療法　③ 予防接種　④ HIV　⑤ 抗体医薬
⑥ アレルギー

思考

☐ 67. 免疫反応の利用 ●次の文章を読んで下の各問いに答えよ。

病原菌に一度感染すると，リンパ球のＢ細胞やＴ細胞の一部が特定の細胞として体内に残される。右のグラフは，抗体の産生量が抗原を注射したあと，どのように変化しているのかを調べたものである。

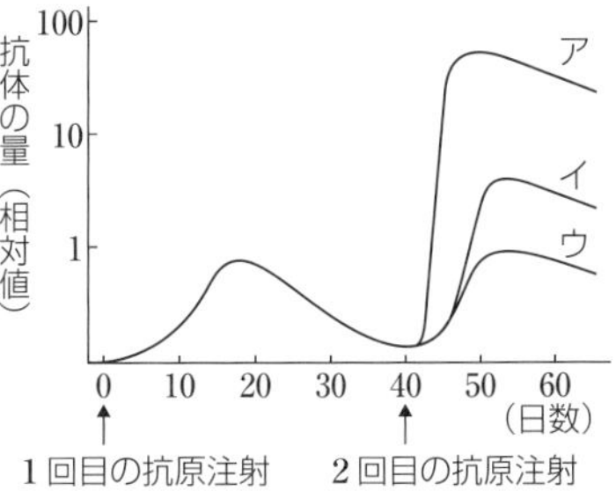

問１．文中の下線部の細胞を何というか。また，この細胞を利用する感染症の予防法を何というか。

問２．２回目の抗原注射のあとの正しい曲線を選べ。

問３．抗体医薬とは，どのような治療薬か。治療できる病気の例をあげ，簡潔に述べよ。

知識

☐ 68. ABO 式血液型 ●ABO 式血液型に関する次の文を読んで下の各問いに答えよ。

ABO 式血液型における血球の凝集は，抗原抗体反応の一種である。赤血球に存在する抗原である（　１　）と血清中に存在する抗体である（　２　）は，血液型ごとに存在する組み合わせが異なる。（　１　）にはＡとＢの２種類があり，（　３　）型にはＡが存在し，（　４　）型にはＢが存在する。（　２　）には抗Ａ抗体と抗Ｂ抗体の２種類があり，（　５　）型では両方が存在し，（　６　）型では（　２　）が存在しない。

問１．文中の（　　　）に適する語を答えよ。

問２．表は，Ａ型のヒトの血清とＢ型のヒトの血清を用意し，①～④型の血液と混合させた結果である。①～④の血液型を答えよ。

	①型	②型	③型	④型
Ａ型の血清	＋	＋	－	－
Ｂ型の血清	＋	－	＋	－

＋は凝集した，－は凝集しない

思考

☐ 69. 移植と免疫 ●移植に関する免疫の働きについて，下の各問いに答えよ。

問１．免疫的に異なるＡ，Ｂ，Ｃの３系統のマウスを用いて行った皮膚移植実験⑴～⑷について，移植された皮膚片はどうなるか。ア～エのなかから，最も適切なものをそれぞれ選び，記号で答えよ。

⑴　Ａ系統マウスにＡ系統マウスの皮膚片を移植した。
⑵　Ａ系統マウスにＢ系統マウスの皮膚片を移植した。
⑶　⑵の処理をしたＡ系統マウスに，３週間後，再びＢ系統マウスの皮膚片を移植した。
⑷　⑵の処理をしたＡ系統マウスに，３週間後，Ｃ系統マウスの皮膚片を移植した。

［結果］　ア．拒絶反応は起こらずに生着する。　イ．拒絶反応が起こり，脱落する。
　ウ．生着していた皮膚片が脱落する。　エ．最初の移植より早く脱落する。

問２．問１⑵の処理をしたＡ系統マウスのリンパ球を実験の３週間後にとり，別のＡ系統マウスに注射した。このＡ系統マウスにＢ系統マウスの皮膚片を移植すると，何も処理せずにＢ系統マウスの皮膚片を移植する場合と比べてどのような結果となるか答えよ。

思考例題 ③ 血糖濃度の変化をグラフから読み取る

課題

右の図1～3はそれぞれ，健康なヒトと糖尿病患者AおよびBの血液中の血糖，グルカゴン，インスリンの濃度変化を示している。図中の線(ア～ウ)がそれぞれ血糖，グルカゴン，インスリンのどれを表すか答えよ。ただし，食事をとった時間を網掛けで示す。

（20．島根大学改題）

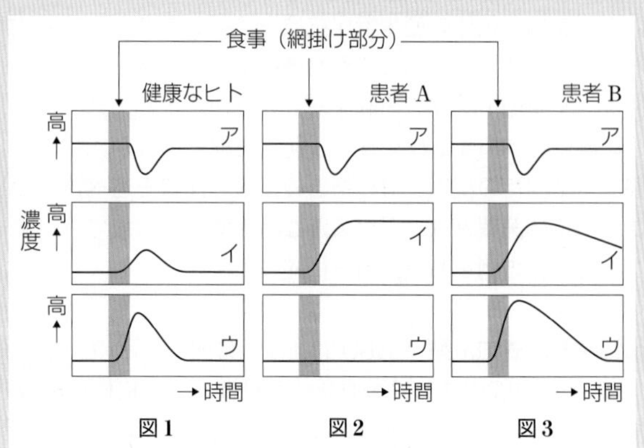

図1　図2　図3

指針 健康なヒトの濃度変化を基準に考え，それぞれの濃度変化の違いを読み解く。

次のStep 1～3は，課題を解く手順の例である。空欄を埋めてその手順を確認せよ。

Step 1 図1に着目し，健康なヒトの濃度変化が何を示しているかを考える

健康なヒトでは食事後，血糖濃度は(　1　)する。インスリン濃度は(　2　)し，グルカゴン濃度は(　3　)する。したがって，(　4　)のグラフがグルカゴンであることが読み解ける。イとウのグラフのどちらが，インスリン濃度で血糖濃度かはこの時点では判別できない。

Step 2 図2に着目し，患者Aの濃度変化が何を示しているかを考える

イのグラフは食事後上昇したまま下降していない。ウのグラフは，まったく変化していない。糖尿病患者の血糖濃度が食事後上昇しないことは考えにくいため，(　5　)のグラフがインスリン濃度，(　6　)のグラフが血糖濃度であることが読み解ける。なお，これらのことから，患者Aは，自己免疫疾患によってインスリンが分泌されない(　7　)糖尿病の患者であると考えられる。しかし，(　8　)糖尿病でも似た症状をもつことがあるため，これだけでは断定できない。

Step 3 図3に着目し，患者Bの濃度変化が何を示しているかを考えて確認する

(　5　)をインスリン濃度，(　6　)を血糖濃度のグラフと考えると，インスリン濃度は食事後上昇し，血糖濃度は健康なヒトより高い状態が続いているように読み取れる。これは，インスリンは分泌されるが，標的細胞が正常に反応できない(　8　)糖尿病の症状と一致しており，Step 2で考えたことと矛盾しない。

Stepの解答 1…上昇　2…上昇　3…低下　4…ア　5…ウ　6…イ　7…1型　8…2型
課題の解答 ア…グルカゴン　イ…血糖　ウ…インスリン

思考例題 ④ 免疫細胞の働きを実験結果の組合せから考える ………

課題

次の実験の結果の説明として，最も適当なものを下の①～⑤のなかから選べ。

【実験】マウスからリンパ球を採取し，その一部をB細胞およびB細胞を除いたリンパ球に分離した。これらと抗原とを図の培養の条件のように組み合わせて，それぞれに抗原提示細胞(抗原の情報をリンパ球に提供する細胞)を加えた後，含まれるリンパ球の数が同じになるようにして，培養した。4日後に細胞を回収し，抗原に結合する抗体を産生している細胞の数を数えたところ，右図の結果が得られた。

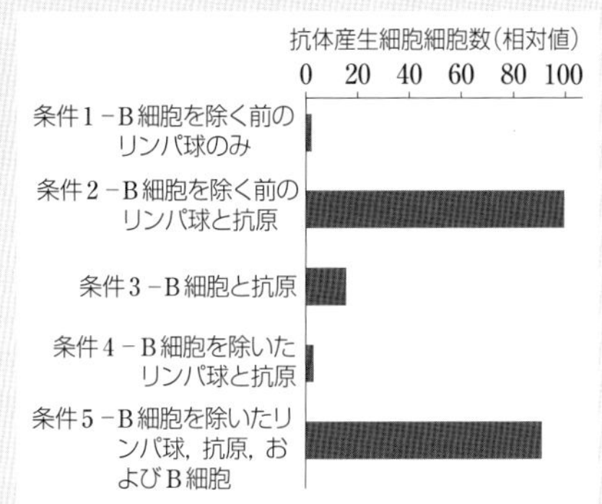

① B細胞は，抗原が存在しなくても抗体産生細胞に分化する。
② B細胞の抗体産生細胞への分化には，B細胞以外のリンパ球は関与しない。
③ B細胞を除いたリンパ球には，抗体産生細胞に分化する細胞が含まれる。
④ B細胞を除いたリンパ球には，B細胞を抗体産生細胞に分化させる細胞が含まれる。
⑤ B細胞を除いたリンパ球には，B細胞が抗体産生細胞に分化するのを妨げる細胞が含まれる。

(20．センター試験改題)

指針 培養条件から比較するグラフを絞って考察する。

次のStep 1～3は，課題を解く手順の例である。空欄を埋めてその手順を確認せよ。

Step 1 選択肢①について考察する

条件2と5の違いは問題を解く上で考える必要がなく，これらは同じ条件と考える。条件(　ア　)と条件2・5のグラフに着目すると，抗原が存在しないと抗体産生細胞の数は0に近く，抗原がある場合と比べて明らかに差があり，誤りであることがわかる。

Step 2 選択肢②と④について考察する

条件(　イ　)と条件2・5のグラフに着目すると，B細胞と抗原だけでは抗体産生細胞の増加は少なく，②は誤りで④は正しいことがわかる。

Step 3 選択肢③と⑤について考察する

条件(　ウ　)と条件2・5のグラフに着目すると，B細胞が無いと抗体産生細胞の数は0に近く，B細胞がある場合と比べて明らかに差があり，③は誤りであることがわかる。また，B細胞以外のリンパ球とB細胞が混在した場合で，抗体産生細胞が増加しており，⑤も誤りであることがわかる。

Stepの解答 ア…1　イ…3　ウ…4
課題の解答 ④

例題
解説動画

発展例題3　生体防御のしくみ

➡発展問題73，74

生体防御に関する次の文章を読んで下の各問いに答えよ。

［　1　］は，体内に侵入した異物などを取り込んで分解し，その情報を［　2　］に伝える。［　2　］は刺激物質を放出し，［　3　］を刺激する。［　3　］は分化・増殖して［　4　］となり，認識された異物とだけ結合する物質を産生し，血液中に放出する。その物質は異物と遭遇すると反応し，やがて異物は除去される。また，［　3　］は分化・増殖するとき，一部が［　5　］となって，その情報は，その後ある期間にわたって残される。一方，異物の情報を受け取った［　2　］は，特有の物質を放出してマクロファージなどを集めて食作用を活性化したり，NK 細胞を活性化させて［　6　］の排除を促進したりする。

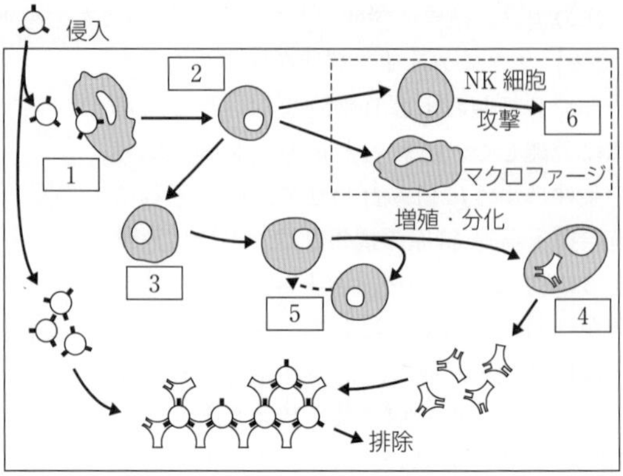

侵入
2
NK 細胞
攻撃
6
1
マクロファージ
増殖・分化
3
5
4
排除

問1．図は体内での免疫のしくみを表している。文章および図中の［　1　］～［　6　］に入る適切な語を，次の①～⑧からそれぞれ1つずつ選べ。ただし，文章および図中の同じ番号には同じ語が入る。

①　樹状細胞　　②　ヘルパーT細胞　　③　サイトカイン　　④　記憶細胞
⑤　抗体産生細胞　　⑥　B細胞　　⑦　感染細胞　　⑧　抗体

問2．下線部に関して，この物質には，(A)種類によって異なる部分と，(B)すべてに共通する部分とがある。それぞれ何と呼ばれるか答えよ。発展

問3．A系統のネズミとB系統のネズミを用いて実験を行い，以下の結果ア～ウが得られた。結果ウが得られる理由を100字以内で述べよ。

ア．A系統由来の皮膚をA系統のネズミの別の位置に移植すると，皮膚は生着した。
イ．A系統由来の皮膚をB系統のネズミに移植すると，皮膚は脱落した。
ウ．胸腺を胎児・新生児期に除去したA系統のネズミに，B系統由来の皮膚を移植すると，皮膚は生着した。

問4．免疫反応は本来，自己のからだの成分に対して起こることはない。しかし，まれに自己の成分に対して抗体などが反応することがある。

(1)　自己の成分に対して免疫反応が起こることで生じる病気を何というか。
(2)　次の(ア)～(キ)のなかで，(1)の病例として適切なものをすべて選べ。

(ア)　関節リウマチ　　(イ)　糖尿病(1型)　　(ウ)　痛風　　(エ)　花粉症
(オ)　エイズ　　(カ)　重症筋無力症　　(キ)　アナフィラキシーショック

解答

問1．1…①　2…②　3…⑥　4…⑤　5…④　6…⑦

問2．(A)…可変部　(B)…定常部

問3．皮膚移植での拒絶反応は，キラーT細胞が移植片の細胞を直接攻撃することなどによって起こる。胎児・新生児期に胸腺を除去されたネズミでは，T細胞が分化・成熟せず，拒絶反応が起こらなかったから。(93字)　問4．(1)自己免疫疾患　(2)(ア)，(イ)，(カ)

解説

問1．抗原情報は樹状細胞やマクロファージ，B細胞によって受け取られるが，食作用によって得た抗原情報をヘルパーT細胞に伝えるのは主に樹状細胞の働きである。ヘルパーT細胞によって活性化されたB細胞は，分裂・増殖したのち，抗体産生細胞となって抗体を放出する。活性化されたB細胞の一部は，記憶細胞となって残るので，再び同じ抗原が侵入したとき，すばやく多量の抗体をつくることができる。サイトカインは，細胞間の情報伝達に関わるタンパク質の総称で，免疫に関わるものには，免疫細胞の増殖，分化，活性化を誘導したり，好中球などの血管外への移動を誘導したりするものがある。

問2．1つのB細胞は，1種類の抗体のみを産生し，その抗体が反応する抗原は決まっている。抗原には無限の種類が存在するが，体内には膨大な種類のB細胞や抗体が存在しており，ほとんどの抗原に対応できる。種類の異なるそれぞれの抗体は抗原と直接結合する可変部の構造が異なっており，定常部と呼ばれる部分はすべての抗体で共通している。

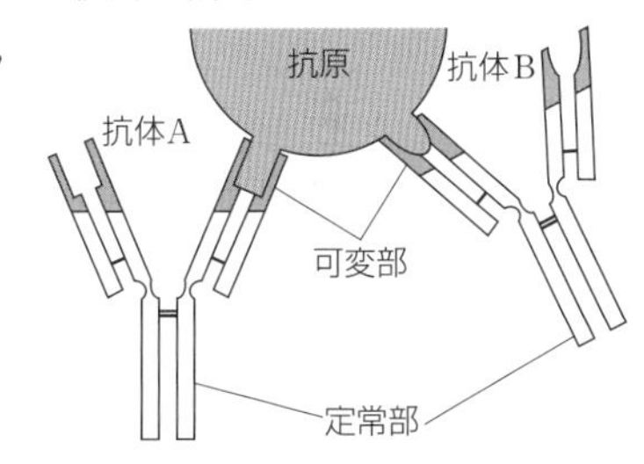

問3．胸腺は，T細胞を分化・成熟させてリンパ節やひ臓に供給する器官で，ヒトでは胸骨の後方に存在する。胸腺を除去すると，成熟したT細胞が供給されないため，免疫反応が正常に起こらなくなる。

問4．自己の成分に対して抗体やキラーT細胞などが反応することによって生じる病気を自己免疫疾患といい，関節リウマチや1型糖尿病，重症筋無力症などがある。

糖尿病：インスリンを産生するすい臓のランゲルハンス島B細胞が破壊されることによって生じる1型と，これ以外の原因によって起こる2型に大別される。1型では，ウイルス感染などが引き金となって，ランゲルハンス島B細胞が自己の免疫細胞によって破壊される。

痛風：代謝異常などによって尿酸の血しょう中濃度が上昇し，尿酸塩の結晶ができてそれが関節に沈着する。これによって関節に炎症が生じる。

重症筋無力症：神経と筋肉の接合部分においてアセチルコリンの受容体が自己の免疫によって攻撃を受け，情報の伝達が阻害される。このため，全身の筋力が低下する。

アナフィラキシーショック：即時型アレルギーの1つ。アレルゲンが2回目に入ったときに現れる，急激な血圧低下や呼吸困難などの全身性症状。

発展問題

思考 論述

70. 自律神経とホルモン ■次の文章を読み，下の各問いに答えよ。

哺乳類の体内の状態は，主に(　ア　)神経系と(　イ　)系により調節されている。(　ア　)神経系のうち，血圧の上昇などに関わる(　ウ　)神経はすべて(　エ　)から出て各臓器へ分布しており，シナプスでは神経伝達物質として主に(　オ　)が利用されている。一方で，血圧の降下などに関わる(　カ　)神経は中脳，延髄および(　エ　)の下部から出て各臓器へ分布しており，神経伝達物質として主に(　キ　)が利用されている。a(　ウ　)神経系と(　カ　)神経系は，一方の神経系が働いている場合には他方の神経系が抑制される関係にある。これらの働きは上位の中枢である(　ク　)脳の(　ケ　)により調節される。(　イ　)系においては(　イ　)腺から分泌されたホルモンが，血流を通りそれぞれ特定の細胞に働きかける。このような細胞は(　コ　)細胞と呼ばれ，その細胞膜表面や細胞内部に特定のホルモンと結合するための受容体をもつ。

ベイリスとスターリングは，すい液分泌のしくみを調べるために次のような実験を行った。小腸に分布する神経を丹念に切除した犬を準備し，その犬の小腸の中にb水で希釈した塩酸を通したところ，すい臓からすい液が分泌された。次に，cはぎとった小腸粘膜に水で希釈した塩酸を混ぜてすりつぶした。そのすりつぶしたものから抽出したエキスを別の犬の静脈に注射した結果，この犬のすい液が多量に流れだした。

問1．文章中の(　ア　)～(　コ　)に適切な語を入れよ。

問2．下線部aに示されている(　ウ　)神経系と(　カ　)神経系の役割について記述した下の表に示す組み合わせで，誤りを含む番号を選択せよ。

組み合わせ	部位	(ウ) 神経系の作用	(カ) 神経系の作用
(1)	ひとみ	拡大	縮小
(2)	心臓拍動	促進	抑制
(3)	立毛筋	弛緩	収縮
(4)	排尿	抑制	促進

問3．下線部bの「水で希釈した塩酸」はどのような目的で使われたか説明せよ。

問4．下線部cの実験から，すい液を分泌させるしくみについて判断できる事柄を説明せよ。

問5．文章中に示したベイリスとスターリングによる「水で希釈した塩酸によるすい液分泌」の実験結果だけから考えられることとして，合っているものには○を，間違っているものには×を，それぞれ記入せよ。

(1)　神経は関与するが，ホルモンは関与しない。

(2)　神経は関与せず，ホルモンは関与する。

(3)　神経，ホルモンのどちらも関与する。

(4)　神経，ホルモンのどちらも関与しない。　(北海道大)

ヒント

問3．通常はどのような状態になるとすい液が分泌されるかを考える。

思考 論述

71. 自律神経系と内分泌系 ■次の文章を読み，以下の問いに答えよ。

ヒトのからだは，自律神経系と内分泌系の働きによって，体内環境の状態を一定の範囲内に保とうとしている。間脳の一部である視床下部は，神経や血液によって体温などの体内環境の変動を感知し，その情報をもとに自律神経系と内分泌系を働かせる。

体内の神経系は，中枢神経系と末梢神経系に分けられ，末梢神経系は，自律神経系と体性神経系に分けられる。自律神経である（ a ）と（ b ）は，きっ抗的に作用することで器官の働きを調節している。

内分泌系は，（ c ）でつくられて血液中に分泌されるホルモンによって調節されている。標的細胞は，特定のホルモンを受け取る（ d ）をもっており，微量のホルモンを感知できる。視床下部にはホルモンを分泌する（ e ）細胞があり，この細胞から分泌されるホルモンには，脳下垂体前葉からの副腎皮質刺激ホルモンの分泌を調節する副腎皮質刺激ホルモン放出ホルモンなどがある。副腎皮質刺激ホルモンが副腎皮質に作用すると，糖質コルチコイドが分泌される。糖質コルチコイドは，標的器官に作用するとともに，①視床下部や脳下垂体前葉にも作用し，その働きを抑制する。また，②視床下部には，脳下垂体後葉まで伸びている細胞もある。

問1．文章中の空欄（ a ）～（ e ）に適切な語を入れよ。

問2．下線部①のような調節のしくみの名称を答えよ。

問3．下線部②の細胞が分泌するホルモンの名称を答え，その作用を説明せよ。

問4．体温が低下したときに働く自律神経系と内分泌系による体温調節のしくみについて，100字以内で説明せよ。

問5．血糖濃度も自律神経系と内分泌系による調節を受けており，さまざまな原因によってその調節のしくみが破綻することがある。健康なヒトと糖尿病患者A，Bの食事後の血糖濃度とインスリン濃度の変化を調べたところ，図のようになった。

(1) 健康なヒトでは，血糖濃度が上昇するとインスリンが分泌される。この分泌のしくみを75字以内で説明せよ。

(2) 患者Aと患者Bの糖尿病の原因の違いについて，グラフからわかることをもとに150字以内で述べよ。

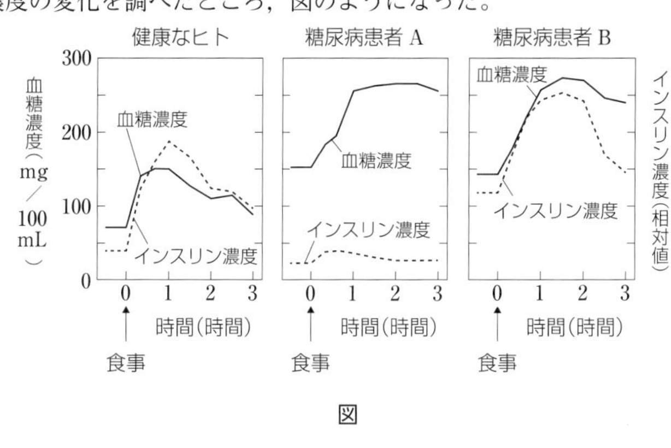

図

（20．横浜市立大改題）

ヒント

問5．(2)糖尿病患者Bは，食事後インスリン濃度が上昇している。

思考 計算 やや難

☐ 72. 腎臓の働き ■次の文章を読み，下の各問いに答えよ。

ヒトの腎臓は，左右１対あり，１個当たり約100万個の(　ア　)と呼ばれる尿を生成する構造がある。(　ア　)は，腎小体と細尿管からなる。腎小体では，糸球体からボーマンのうへ，血液の一部がろ過され原尿となる。原尿中には有用成分も多く含まれており，原尿が細尿管や集合管を流れる過程で，さまざまなものが再吸収された後，残りが尿となる。集合管での水の再吸収量は，(　イ　)から分泌されるホルモンであるバソプレシンによって，細尿管でのナトリウムイオンの再吸収量は，(　ウ　)から分泌される鉱質コルチコイドによって促進される。図１はある健康な人の測定値から求められた血しょう中のグルコース濃度と原尿中のグルコース濃度の関係を示したものであり，図２は同じ人の血しょう中のグルコース濃度と１分間当たりに生成される原尿や尿に含まれるグルコース量の関係を示したものである。

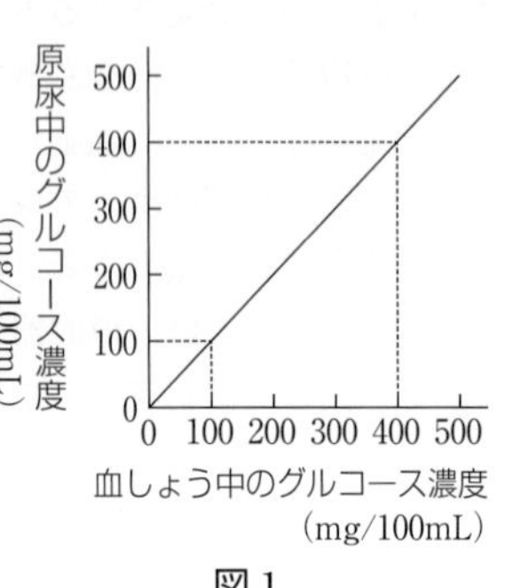

図１

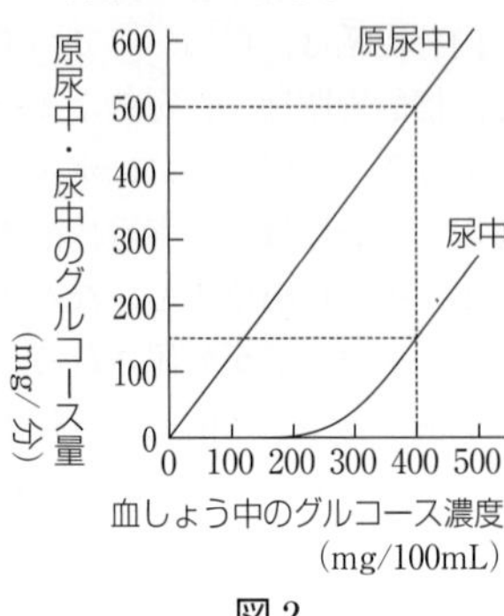

図２

問１．文章中の空欄(　ア　)～(　ウ　)に入る適切な語を答えよ。

問２．下線部の過程で**ろ過されないもの**として適当なものはどれか。次の①～⑤のなかからすべて選べ。

①　カリウムイオン　②　アミノ酸　③　タンパク質　④　尿素　⑤　血小板

問３．図１，２について，次の問いに答えよ。

(1)　この人の体内で１分間にろ過されて生じる原尿量(mL)はいくらか。

(2)　血しょう中のグルコース濃度が400mg/100mLのとき，１分間に再吸収したグルコース量(mg)はいくらか。

問４．図１，２に関する記述として**適当でないもの**はどれか。次の①～④のなかから１つ選べ。

①　血しょう中のグルコース濃度が150mg/100mLのとき，グルコースの再吸収率は100%である。

②　図１，２の範囲において，血しょう中と原尿中のグルコース濃度は等しい。

③　血しょう中のグルコース濃度が200mg/100mLから400mg/100mLに上昇していくと，グルコースの再吸収量は徐々に低下していく。

④　血しょう中のグルコース濃度の上昇とともに，再吸収されるグルコース量も徐々に増加していくが，400mg/100mL以上では再吸収されるグルコース量は一定である。

(23．玉川大改題)

ヒント

問３．(1)１分間に原尿中に出ているグルコース量(mg)を得るために必要な原尿の量(mL)を考える。

思考 論述

73. 免疫のしくみ① 次の文章を読み，以下の問いに答えよ。

体内への病原体の侵入は，a皮膚や粘膜において物理的および化学的に防御されている。病原体が体内に侵入した場合には，免疫と呼ばれる防御反応が起こる。その1つは，b食細胞が病原体を取り込んで食作用により消化・分解する自然免疫と呼ばれる反応である。自然免疫の働きのみでは排除しきれない病原体に対しては，リンパ球であるB細胞やT細胞による生体防御のしくみが働く。これは，(1)免疫と呼ばれ，B細胞やT細胞が侵入した病原体を抗原として認識し，それらを排除するように機能する。

体内に侵入した病原体は食作用により分解され，抗原情報として提示される。体液性免疫では，抗原提示を受けたT細胞が活性化して増殖する。T細胞のうち，(2)細胞は，同じ抗原を認識したB細胞を活性化させ，B細胞の一部は増殖して抗体を分泌する(3)細胞に分化する。抗体は病原体と特異的に結合することで，病原体の増殖や細胞への感染を防ぐ。細胞性免疫においても，T細胞は重要な働きをする。抗原提示を受けて活性化して増殖したT細胞のうち，(4)細胞は，同一の抗原情報を提示している病原体に感染した細胞を見つけて攻撃する。

免疫が過敏に働くと，アレルギーが生じることがある。たとえば，cスギやヒノキの花粉が抗原となり目のかゆみや鼻水が出るといった症状は花粉症と呼ばれる。スギ花粉のように，免疫応答の原因となる抗原を(5)と呼ぶ。ハチ毒などが(5)となる場合には，d急激な血圧低下や呼吸困難といった重篤な全身症状が引き起こされることもある。

問1．文章中の(1)～(5)に入る適切な語を記せ。

問2．下線部aに関して，次の各問いに答えよ。

(1) 病原体に対する呼吸器における物理的防御のしくみの1つを15字以内で記せ。

(2) 病原体に対する消化器における化学的防御のしくみの1つを15字以内で記せ。

問3．下線部bに関して，食細胞を3つあげよ。

問4．下線部cに関して，花粉症が起こるしくみを，抗体という語を用いて記せ。

問5．下線部dのような症状を何と呼ぶか。

問6．図は，同一の抗原を2回にわたって注射した際の，その抗原に対する抗体の血液中濃度の時間的推移を示したものである。2回目の注射後に予想される抗体濃度変化を図中の破線ア～ウより選べ。また，そのような抗体濃度変化が生じる理由を60字以内で述べよ。

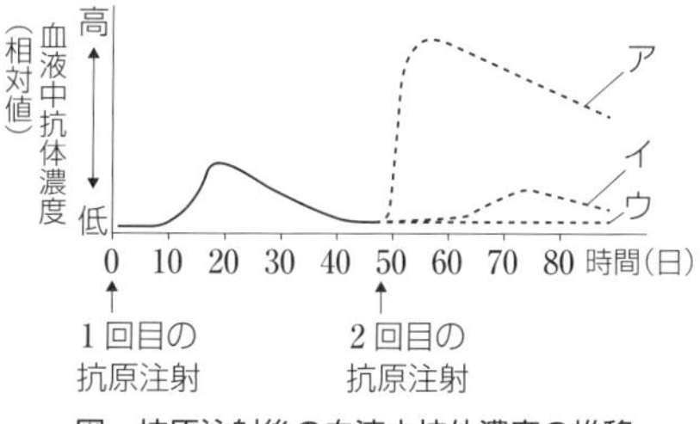

図 抗原注射後の血液中抗体濃度の推移

問7．体内に侵入してきた病原体は免疫により排除されるが，自身の体を構成するさまざまな成分は抗原とは認識されず，免疫による排除を受けない。この状態を何と呼ぶか。また，その状態が起こるしくみについて40字以内で説明せよ。 (19．東京農工大改題)

ヒント

問6．抗体産生に関与したリンパ球の一部は，記憶細胞として残る。

知識

◻74. 免疫のしくみ② ■次の文章を読み，以下の問いに答えよ。

①ウイルス，細菌，菌類の中には，病原体となるものがあり，体内に侵入して体内環境を乱すことがある。このような病原体やさまざまな有害な物質などからからだを守るしくみを総称して（ a ）という。

病原体などの異物の多くは，まず，皮膚や粘膜などにより，物理的・化学的に体内への侵入が阻止される。たとえば，皮膚の表面を覆う角質層や粘膜から分泌される粘液は，異物の侵入や付着を防ぐ働きをする。また，だ液や汗，涙液には，②細菌の繁殖を抑える働きをもつ成分が含まれている。

体内に侵入した病原体などの異物に対しては，自然免疫が働く。自然免疫では，③食細胞が，食作用によって異物を細胞内に取り込み，消化・分解して排除する。自然免疫によっても排除できなかった異物に対しては，獲得免疫(適応免疫)が働く。④獲得免疫は，体内に侵入した異物に対する特異的な応答であり，抗体によって異物を排除する（ b ）免疫と，感染細胞をリンパ球が認識して直接攻撃する（ c ）免疫とに分けられる。また，記憶細胞が保存されることで，同じ異物が侵入したときに，より短い時間で免疫応答を起こすことができる。

これらの獲得免疫の性質は，病気の予防や治療に利用されている。その1つに（ d ）と呼ばれる弱毒化または死滅した病原体や毒素を接種する予防接種や，病原体などに対する抗体を他の動物につくらせ，その抗体を多く含む（ e ）を注射する（ e ）療法という治療法がある。

問1．上の文章中の（ a ）～（ e ）に入れるのに最も適当な語を答えよ。

問2．下線部①に関して，インフルエンザウイルスと食中毒の原因となる黄色ブドウ球菌の直径として最も適当なものを，図1のア～カのなかからそれぞれ選び，記号で答えよ。

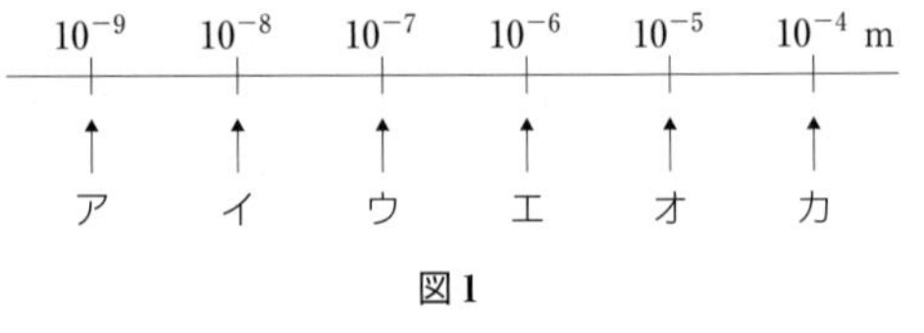

図1

問3．下線部②に関して，細菌の細胞壁を分解する酵素の名称を答えよ。

問4．下線部③に関して，ヒトの食細胞のなかで最も数が多い細胞の名称を答えよ。

問5．下線部④に関して，次の問(1)～(3)に答えよ。

(1) 図2は，獲得免疫の流れを簡略化して表したものである。図中のf～jに入れる細胞の名称として最も適当なものを，次のア～クからそれぞれ選び記号で答えよ。

ア．キラーT細胞　　イ．造血幹細胞
ウ．B細胞　　エ．抗体産生細胞
オ．マスト細胞　　カ．赤血球
キ．樹状細胞　　ク．ヘルパーT細胞

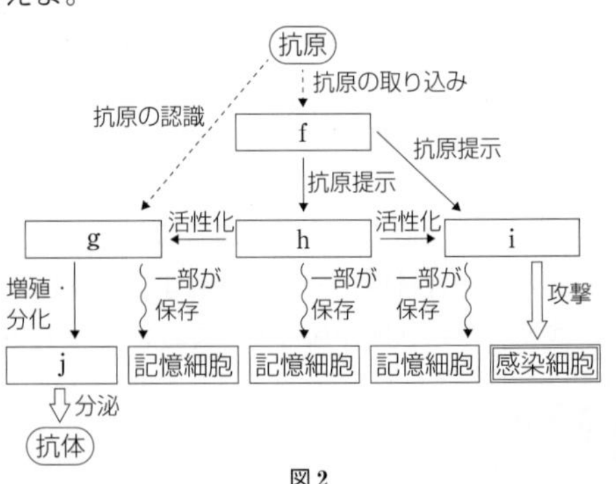

図2

(2) 図2に示したgを多く含む器官を，次のア～オから2つ選べ。

ア．ひ臓　イ．胸腺　ウ．すい臓　エ．リンパ節　オ．腎臓

(3) (c)免疫が関与する免疫反応を，次のア～オからすべて選び記号で答えよ。

ア．赤血球凝集反応　イ．ツベルクリン反応　ウ．花粉症

エ．臓器移植時の拒絶反応　オ．ピーナッツアレルギー　(19. 関西大改題)

ヒント

問5．(3)抗体による免疫反応は除外する。

思考 論述

75. ABO式血液型 次の文章を読み，以下の問いに答えよ。

特定の感染症を予防するために，ワクチンを接種し，抗体を産生させることを予防接種という。①同じワクチンを2回接種することによって，より効果を高めることができる。抗体はアレルギーと呼ばれる免疫反応も引き起こす。アレルギーを引き起こす物質は(ア)と呼ばれる。(ア)が2回目に体内に入ったときに激しい症状が現れることがある。特に，症状が全身的に現れて急激な血圧低下や意識低下を起こす場合は(イ)ショックと呼ばれる。

ヒトの血しょう中には，凝集素(αとβ)と呼ばれる糖タンパク質があり，このタンパク質が赤血球の細胞膜表面にある凝集原(A型糖鎖とB型糖鎖)と反応することによって凝集が起こる。つまり，赤血球の凝集反応は，血しょう中の凝集素が抗体として働くことによって起こる一種の(ウ)で，②ABO式血液型の判定に用いられている。

問1．(ア)～(ウ)に入る適切な語を答えよ。

問2．下線部①に関して，2回接種すると効果が高まる理由を80字以内で述べよ。

問3．下線部②において，被験者6名の血しょうと赤血球をそれぞれ混合させたところ，表のような凝集が生じた。ABO式血液型におけるAB型の被験者はどれか答えよ。

表　血液型判定の実験

		赤血球					
		被験者1	被験者2	被験者3	被験者4	被験者5	被験者6
血しょう	被験者1	−	＋	＋	＋	−	＋
	被験者2	−	−	＋	＋	−	＋
	被験者3	−	＋	−	−	−	＋
	被験者4	−	＋	−	−	−	＋
	被験者5	−	＋	＋	＋	−	＋
	被験者6	−	−	−	−	−	−

凝集あり＋，凝集なし−

(19. 信州大改題)

ヒント

問3．AB型は，血しょう中に抗体である凝集素をもたない。

4 植生と遷移

1 植生と遷移

❶植生

(a) **植生の分類**　ある場所に生育する植物すべてをまとめて植生という。ふつう，多くの種類の植物で構成されている。植生は，相観によって樹木が密に生えた森林，森林が生育しない低温な地域や降水量が少ない地域に成立する草原，気温や降水量の条件が植物の生育にとって極端に厳しい地域に成立する荒原などに大別される。

- 優占種…個体数が多く，占有する空間も最も大きい，その植生を代表する植物。
- 相観…植生の外観上の様相のこと。主に優占種によって特徴づけられる。

(b) **生活形**　植物が生活する環境に適応した生活様式を反映した生物の形態を生活形という。広葉樹や針葉樹，常緑樹や落葉樹なども生活形といえる。

❷植生と土壌

多くの植物は，土壌に根を張ることで地上部を支えている。植物は，土壌に貯えられた水や栄養塩類を吸収して生育している。

土壌…岩石が風化して細かい粒状になったものに，生物由来の有機物が混入してできている。

腐植…落葉・落枝，遺骸や排出物などが分解され，黒褐色に変化した有機物。腐植が多い土壌は層状の構造が発達することが多い。

団粒構造…砂や腐植がミミズや菌類などの活動によって塊になった粒状構造。団粒構造が発達した土壌は，隙間が多いことから通気性や保水性が高い。

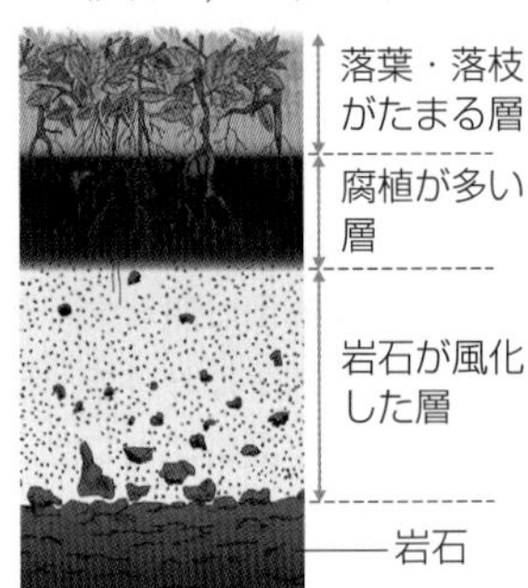

❸植生と光環境

(a) **森林の階層構造と光環境**　森林では，高さの異なる植物が混在することによって，垂直方向に層状の階層構造をつくっている。階層によって光環境が異なっており，生育する植物も異なる。光環境と植生は深い関わりをもっている。

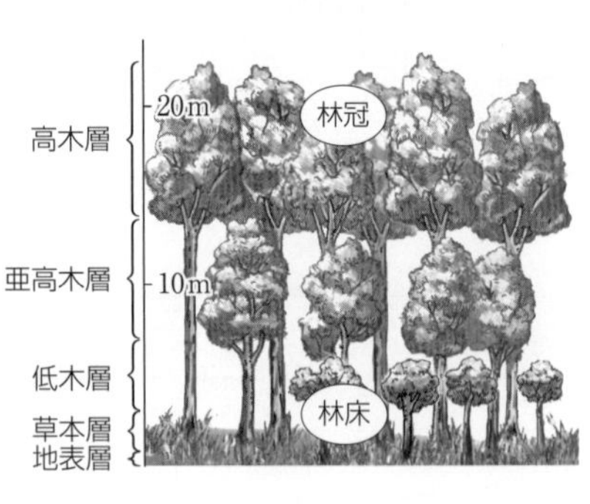

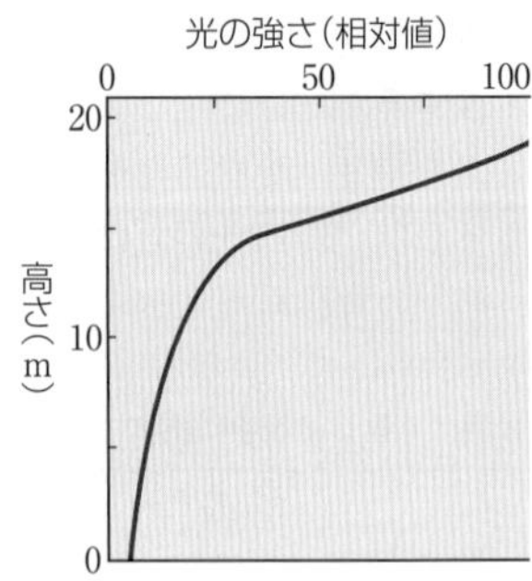

林冠…高木の枝や葉が見かけ上つながりあって森林の表面をおおっている部分で，樹木の種類によって形が異なる。

林床…地表に近い下層の部分で，林冠を通り抜けた弱い光でも成長できる植物(林床植物)が生育する。

(b) 光環境と光合成

i）光合成と呼吸　光合成速度は，一定時間に光合成によって吸収される二酸化炭素(CO_2)量で示される。しかし，植物は，光合成と同時に呼吸を行っており，呼吸によってCO_2が放出されている。そのため，光合成速度は，直接測定されるCO_2吸収量(見かけの光合成速度)と，呼吸によるCO_2放出量(呼吸速度)をたし合わせた量となる。なお，呼吸速度は暗黒状態で一定時間に放出されるCO_2量で示される。

光合成速度＝見かけの光合成速度＋呼吸速度

光補償点…光合成速度と呼吸速度が同じ値のとき，見かけ上CO_2量の変化はない。このときの光の強さを光補償点という。

光飽和点…光合成速度は光の強さが増すと大きくなるが，ある一定の強さに達すると変わらなくなる。このときの光の強さを光飽和点という。

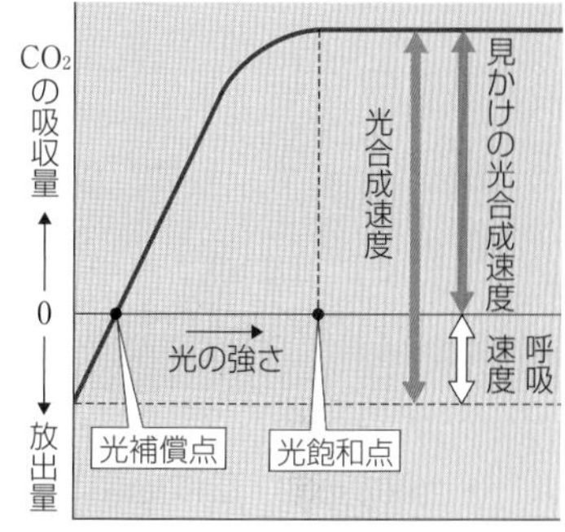

※光の強さによって呼吸速度は変化するが，ここでは一定として考える。

◀光の強さと光合成▶

ii）陽生植物と陰生植物　陽生植物は，光飽和点が高いため，日なたで成長が速い。しかし，光補償点が高く，光補償点よりも暗い日陰では生育できない。陰生植物は，光飽和点が低いため成長は遅いが，光補償点が低いため陽生植物が生育できないような日陰でも生育できる。

陽樹・陰樹…光補償点や光飽和点が高い樹木を陽樹，光補償点や光飽和点が低い樹木を陰樹という。陰樹には，成木になると陽生植物の特徴を示すようになるものもある。

陽葉・陰葉…1本の木で，光がよく当たる位置に陽生植物の特徴をもつ葉が，光が当たりにくい位置に陰生植物の特徴をもつ葉がつく場合，それぞれを陽葉，陰葉と呼ぶ。一般に，陽葉は葉面積が小さく葉肉が厚く，陰葉は葉面積が大きく葉肉が薄い。

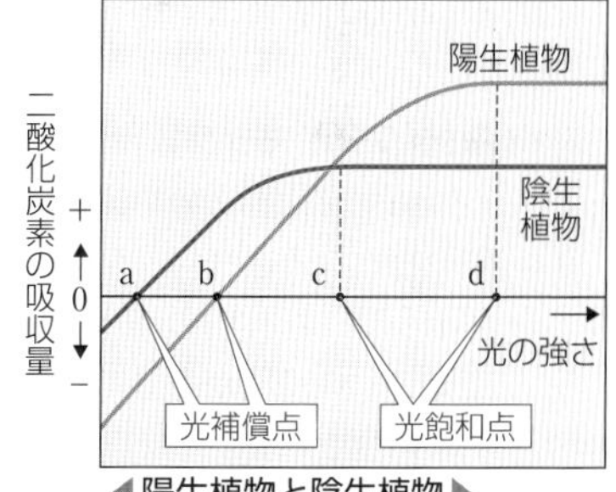

◀陽生植物と陰生植物▶

	光補償点	光飽和点	種類
陽生植物	高い(b)	高い(d)	クロマツ・ススキ
陰生植物	低い(a)	低い(c)	ブナ・ミヤマカタバミ

❹遷移

植生が長い年月の間に変化していくことを遷移という。裸地からはじまる一次遷移，すでに形成されていた植生が破壊された場所でみられる二次遷移がある。

(a) 一次遷移

i）**乾性遷移**　火山活動でできた溶岩地帯や新島のような裸地からはじまる遷移。

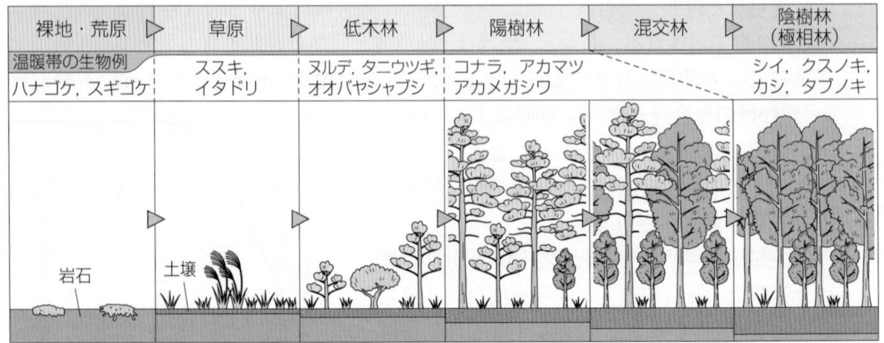

◀乾性遷移▶

- **土壌の形成**　遷移初期には，土壌の厚さが植生を決める主要因になる。裸地には，根を張り高く育つ植物は進入できず，地衣類・コケ植物が進入する。これらを**先駆種**(**パイオニア種**)という。火山灰が積もったような土地では，ススキや，オオバヤシャブシなどが先駆種になることが多い。これらの枯死体が腐植となって，土壌が厚くなるのにしたがって，草原，森林へと遷移していく。
- **光環境の変化**　陽樹林が形成されるまで地表は明るい環境であり陽生植物が優占する。陽樹林が形成されると林床が暗くなるため，陽生植物よりも陰生植物が優位に生育するようになる。したがって，陽樹の高木が枯れた後には，暗い林床で生育していた陰樹が優占するようになる。陽樹林から陰樹林へ遷移を進める主な要因は，林床の光の強さである。
- **極相**(**クライマックス**)　遷移の最終段階で，ほとんど構成種の変化がみられなくなった植生を**極相**といい，このときの森林を**極相林**という。湿潤な気候では，陰樹林が極相となる。
- **ギャップ**　森林内の高木が，枯れたり台風などで倒れたりすると，林冠が途切れた空間(**ギャップ**)が生じる。ギャップが生じると，林床で幼木が成育し，森林が部分的に再生される。

ギャップが小さいとき	ギャップが大きいとき
林床に差し込む光が少なく，陰樹の幼木がギャップを埋める。	林床に差し込む光が多く，外部から飛来した陽樹の種子が発芽，成長し，陽樹がギャップを埋めることもある。

ii）**湿性遷移**　新しくできた湖沼などからはじまる一次遷移。水深の変化に伴って植生が変化する。

貧栄養湖 → 富栄養湖 → 湿原 → 草原 （草原以降は乾性遷移と同じ過程）

(b) **二次遷移**　森林の伐採や山火事などによって植生が破壊されても，そこには土壌が存在しており，植物の種子・地下茎・根などが土壌中に残っている。そのため，一次遷移に比べるとその遷移の進行が速い。雑木林やアカマツ林などは，二次遷移によってできた森林である場合が多い。このような森林を二次林と呼ぶ。

2 バイオーム

❶世界のバイオーム

(a) **バイオーム**　植物や動物などの生物は，生育する地域の環境に適応して，互いに関係をもちながら特徴ある集団を形成する。この集団を**バイオーム**(生物群系)という。陸上のバイオームは，植生の相観によって区別される。

(b) **バイオームと遷移**　植物の生育はさまざまな環境要因の影響を受けており，必ずしも極相が森林になるとは限らない。陸上のバイオームは，主にその地域の年降水量と年平均気温によって決定される。

降水量…極地を除き，木本の生育に十分な降水量があれば森林が極相となる。多くの木本の生育が困難になるような少ない降水量だと草原が極相となる。極端に乾燥した地域では，サボテンのように乾燥に適応した植物しか生育できないため荒原(砂漠)が極相となる。

気温…極端に気温が低い地域では，低温に適応した植物しか生育できないため荒原(ツンドラ)が極相となる。

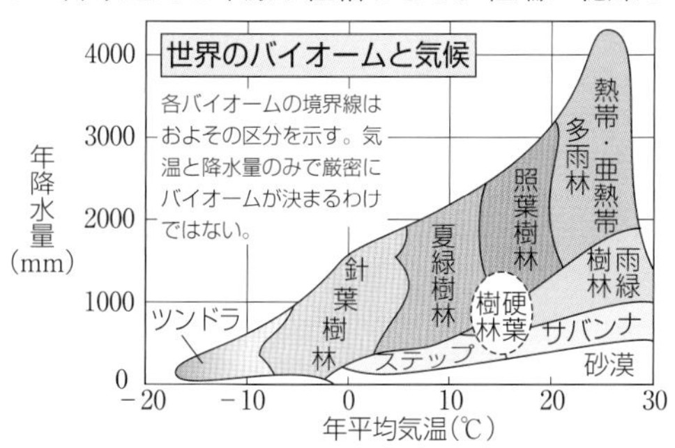

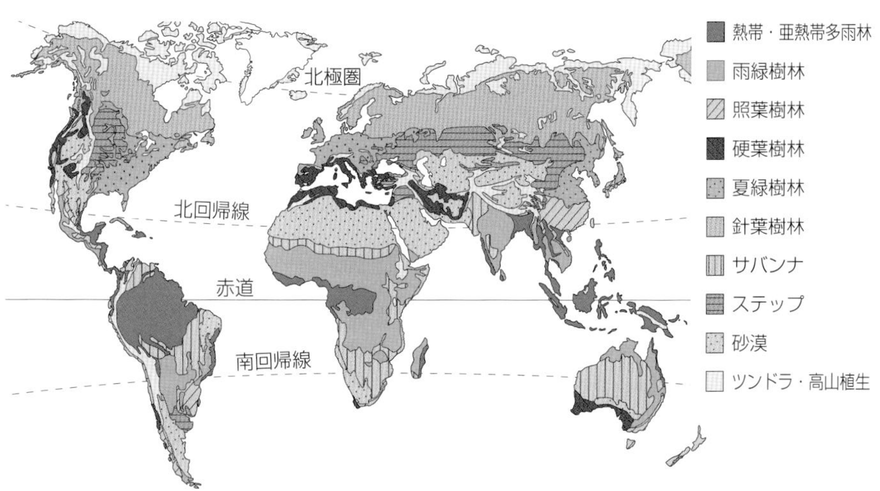

第4章 植生と遷移

(c) バイオームの種類と特徴

	気候帯	バイオームの種類	特徴	主な植物など
森林	熱帯・亜熱帯	熱帯多雨林	100m四方に600種を超えるほど植物の種類は多種多様。階層構造が複雑である。	フタバガキなどの巨大な高木・着生植物・つる植物
		亜熱帯多雨林	熱帯よりやや気温が低くなる時期がある。	アコウ・ガジュマル・ヘゴ(木生シダ)
		雨緑樹林	雨季に緑葉をつけ，乾季に落葉する落葉広葉樹が優占する。	チークなどの高木
	暖温帯	照葉樹林	クチクラ層が発達した光沢のある葉をもつ常緑広葉樹が優占する。	シイ類・カシ類・タブノキ・クスノキ
		硬葉樹林	乾燥に適応した硬くて小さい葉をもつ常緑広葉樹が優占する。	オリーブ・ユーカリ・ゲッケイジュ
	冷温帯	夏緑樹林	夏季に緑葉をつけ，冬季に落葉する落葉広葉樹が優占する。	ブナ・ミズナラ・カエデ類
	亜寒帯・寒帯	針葉樹林	樹種の多様性は低い。ふつう常緑針葉樹が優占する。	モミ類・トウヒ類・シベリア東部ではカラマツ類(落葉針葉樹)
草原	熱帯	サバンナ(熱帯草原)	イネのなかまの植物を主体とし，樹木がまばらに生育する。	イネのなかまの植物・アカシア
	温帯	ステップ(温帯草原)	イネのなかまの植物を主体とし，樹木はほとんど生育しない。	イネのなかまの植物
荒原	寒帯以外	砂漠	年降水量200mm未満。厳しい乾燥に適応した植物が点在する。	サボテン・トウダイグサ
	寒帯	ツンドラ(寒地荒原)	土壌が未発達で栄養塩類が少ない。樹高が極めて低い木本もみられる。	地衣類・コケ植物・コケモモ

硬葉樹林　温帯のうち，降水量が冬季に多く夏季に少ない地域では，細長くクチクラ層が発達した特徴をもち，高温の時期に乾燥する環境に適応した樹木が優占種となる。このようなバイオームを硬葉樹林という。

マングローブ　熱帯や亜熱帯地方の海岸や河口付近に生じる常緑の低木林や高木林をマングローブといい，オヒルギ・メヒルギなどの樹木が生育している。これらの植物は，高塩類濃度に強く，通気組織が発達しているため，満潮時に海水が浸るところに生育することができる。呼吸根や支柱根を出すものが多い。マングローブは，土壌の流出を防ぎ，落ち葉や枯れ葉によってそこに生活する生物に栄養分を供給している。

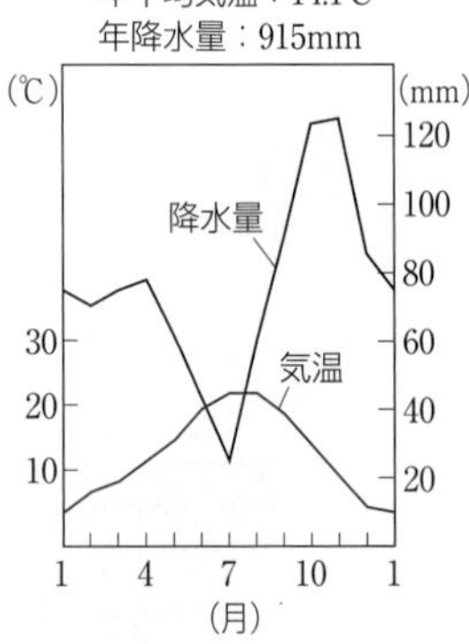

◀硬葉樹林(イタリア)の雨温図▶

❷日本のバイオーム

(a) **水平分布** 一般的に高緯度ほど気温は低くなる。緯度の違いに伴う水平方向のバイオームの分布を水平分布という。

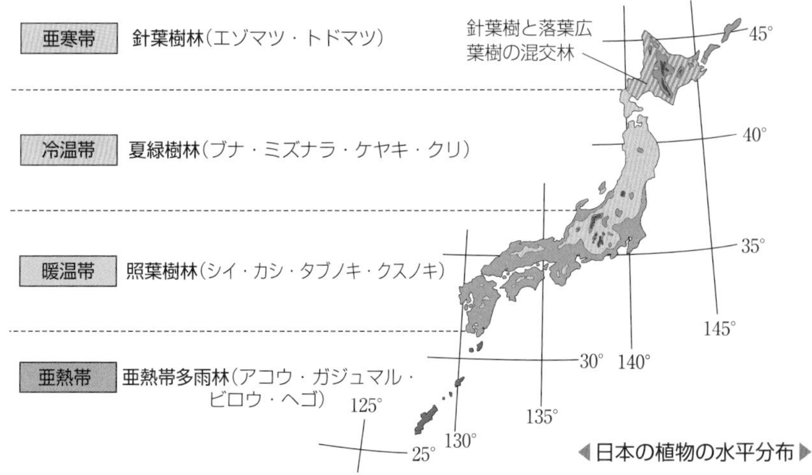

◀日本の植物の水平分布▶

(b) **垂直分布** 気温は，標高が100m高くなるごとに0.5～0.6℃ずつ低下する。このため，同緯度であっても標高が違えばバイオームも異なることになる。このような標高の違いに対応したバイオームの分布を垂直分布という。

分布帯	高度(日本中部)	植物(例)	
高山帯		高山草原	コマクサ・クロユリ・ハクサンイチゲ
		高山低木林	ハイマツ・キバナシャクナゲ
	2500m(森林限界)		
亜高山帯		針葉樹林	シラビソ・コメツガ・トウヒ・ウラジロモミ
	1500m		
山地帯		夏緑樹林	ブナ・ミズナラ・クリ・ヤマモミジ
	500m		
丘陵帯		照葉樹林	シイ・カシ・クスノキ・ツバキ

◀日本の中部地方にみられる植物の垂直分布▶

(c) **暖かさの指数** 気温とバイオームの関係を示す指数として，暖かさの指数と呼ばれるものがある。暖かさの指数は，月平均気温が5℃以上の各月について，月平均気温から5℃を引いた値を合計して求められる。ただし，実際のバイオームと完全に一致するものではない。植物の生育に5℃以上の気温が必要だとの考えにもとづいて提案されたものである。

暖かさの指数と形成されるバイオーム

暖かさの指数	バイオーム
240～180	亜熱帯多雨林
180～85	照葉樹林
85～45	夏緑樹林
45～15	針葉樹林

プロセス　Process

☐**1**　次の文中の(　　)に当てはまる語を答えよ。

ある地域に生育する植物をまとめて(　1　)という。それぞれの環境には，特有の外観をもつ(　1　)が発達する。そのため，生物の集団は，(　1　)の外観上の様相である(　2　)にもとづいて分類される。また，生物はそれぞれ環境に適応した生活様式を発達させている。生活様式を反映した生物の形態を(　3　)という。

☐**2**　右図は，光の強さと光合成速度の関係を示した図である。以下の問いに答えよ。

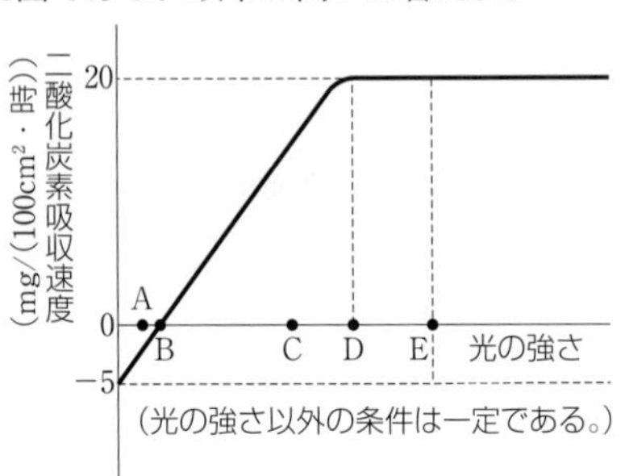

(1)　B，Dのときの光の強さを何というか。

(2)　Eのときの光合成速度はいくらか。1時間，$100\,cm^2$ 当たりの CO_2 吸収量で答えよ。

(3)　光の強さがA，B，Cのときの呼吸速度と光合成速度の関係を，次の①～③から選べ。

①　呼吸速度<光合成速度

②　呼吸速度＝光合成速度

③　呼吸速度>光合成速度

☐**3**　次の①～⑥の(　　　)内に当てはまる語を答えよ。

①　土壌が発達していない遷移の初期段階に生育する種を(　　　)という。

②　温暖で湿潤な地方の植生は，ふつう，草原→陽樹林→(　　　)の順に遷移する。

③　湖からはじまる湿性遷移において，富栄養湖は(　　　)を経て草原になる。

④　森林火災の跡地などにできる森林は(　　　)と呼ばれる。

⑤　植生の構成種に大きな変化がみられなくなった状態を(　　　)という。

⑥　陰樹林でも，高木が枯れたり風で倒れたりして(　　　)が生じることで，部分的に陽樹が生育することがある。

☐**4**　次の①～⑤のバイオームについて，特徴づける植物をそれぞれア～オから選べ。

①　夏緑樹林　　②　硬葉樹林　　③　雨緑樹林　　④　砂漠　　⑤　熱帯多雨林

ア．オリーブ　　イ．サボテン　　ウ．ブナ　　エ．フタバガキ　　オ．チーク

☐**5**　次の文の(　　)に当てはまる語を答えよ。

標高に応じた気温の変化に伴うバイオームの分布を(　1　)分布という。日本の中部地方においては，高度約500mまでの丘陵帯では，(　2　)樹林が主である。約1500mまでが(　3　)帯で夏緑樹林，約2500mまでが亜高山帯で(　4　)樹林である。さらに上層の高山帯には，高木の森林は形成されず低木や草本が生育する。そのため，亜高山帯と高山帯の境界を(　5　)という。

Answer

1 1…植生　2…相観　3…生活形　**2**(1)B…光補償点，D…光飽和点　(2)25mg　(3)A…③，B…②，C…①　**3**①…先駆種(パイオニア種)　②…陰樹林　③…湿原　④…二次林　⑤…極相(クライマックス)　⑥…ギャップ　**4**①…ウ　②…ア　③…オ　④…イ　⑤…エ　**5** 1…垂直　2…照葉　3…山地　4…針葉　5…森林限界

基本例題13 森林の階層構造

➡基本問題 77，78

森林は，植物の葉が茂る高さからみて複数の層に分けられる。右図は，照葉樹林の模式図である。

A
亜高木層
B
草本層
土壌

(1) 図のような森林の層状構造を何というか。

(2) 図のAおよびBの層を何というか。また，土壌に含まれる生物遺骸由来の有機物を何というか。

(3) 図の森林で樹高がA層上部に達する1本の高木について，日当たりのよい上部の葉と日当たりのよくない下部の葉に関して，次の①～④を調べて，葉1枚当たりの平均値を求めた。

① 面積　② 厚さ　③ 暗黒条件下での呼吸速度　④ 光合成の光飽和点

①～④の各値を上部の葉と下部の葉で比較すると，次のア～ウのどの関係になるか。

ア．上部<下部　イ．上部＝下部　ウ．上部>下部

考え方 (3)A層上部の葉(陽葉)は，陽生植物の性質をもち，小さく肉厚で，呼吸速度が大きく光飽和点が高い。A層下部の葉(陰葉)は，陰生植物の性質をもつ。

解 答 (1)階層構造 (2)A…高木層 B…低木層，腐植 (3)①…ア ②…ウ ③…ウ ④…ウ

基本例題14 光の強さと光合成速度

➡基本問題 79

右図は，2種類の植物(A，B)の葉に，さまざまな強さの光を当て続けて，CO_2の吸収量(＋)と放出量(－)を測定し，グラフに表したものである。次の各問いに答えよ。

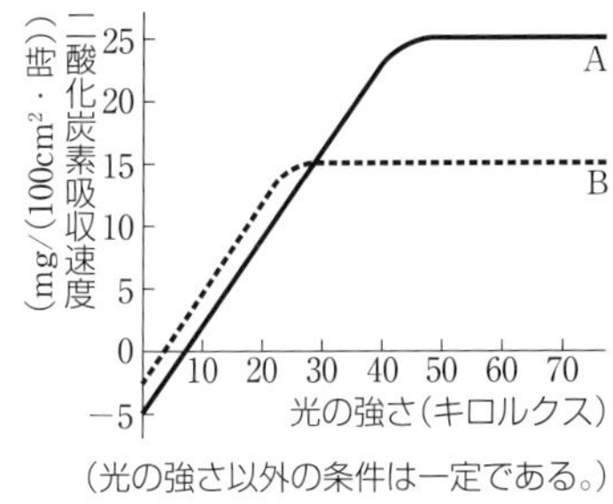

(光の強さ以外の条件は一定である。)

(1) 植物Aについて，呼吸速度と60キロルクスにおける光合成速度を求めよ。ただし，1時間・100 cm^2 当たりのCO_2吸収量または放出量で答えよ。

(2) 植物Aと比較して，植物Bはどのような特徴をもっているか。次の①～④のなかから2つ選び，番号で答えよ。

① 植物Aが生育できる光の強さよりも暗い環境で生育することができる。
② 植物Aが生育できる光の強さよりも暗い環境では生育できない。
③ 光の強さが十分に大きい環境では，植物Aよりも成長速度が大きい。
④ 光の強さが十分に大きい環境では，植物Aよりも成長速度が小さい。

考え方 (1)グラフの縦軸は二酸化炭素吸収速度であるが，値がマイナス(－)を示す場合は，CO_2放出速度を表す。「光合成速度＝見かけの光合成速度＋呼吸速度」であるから，ここでは見かけの光合成速度25mgに呼吸速度5mgを加える。(2)光補償点は，生育可能な最小の光の強さである。

解 答 (1)呼吸速度…5mg 光合成速度…30mg (2)①，④

例題
解説動画

基本例題15　植生の遷移

➡基本問題 81，82

植生の一次遷移に関する次の問いに答えよ。

(1)　下の図は，裸地からはじまる植生の遷移の経過を示したものである。A～Dに当てはまる最も適当な語を①～⑨からそれぞれ選べ。

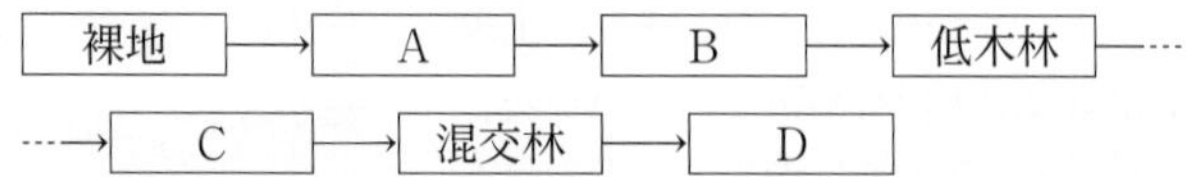

①　シダ植物　②　地衣類・コケ植物　③　裸子植物　④　陽樹林
⑤　草原　⑥　木本植物　⑦　原生林　⑧　陰樹林　⑨　被子植物

(2)　(1)のB，C，Dの段階でみられる植物群をそれぞれ選べ。

①　オオバヤシャブシ，ミズキ，ツツジ　②　ススキ，ヨモギ，チガヤ
③　アカマツ，コナラ，クリ　④　クロマツ，シラカシ，ブナ
⑤　スダジイ，アカガシ，ヤブツバキ

考え方　(1)裸地からの遷移では土壌がないので，少ない養分でも生育でき，また，乾燥にも耐えられる小形の植物が最初に生育する。

解答
(1)A…②　B…⑤　C…④　D…⑧
(2)B…②　C…③　D…⑤

基本例題16　バイオームと気候

➡基本問題 88

右の図は，陸上の各バイオームと，それらが分布する地域の年降水量，及び年平均気温の関係を表したものである。次の問いに答えよ。

(1)　次の(A)～(D)の各バイオームは，図のア～コのどれに当てはまるか。

(A)　サバンナ　(B)　照葉樹林
(C)　ツンドラ　(D)　針葉樹林

(2)　次の(A)～(D)の特徴は，図のア～コのどれに当てはまるか。

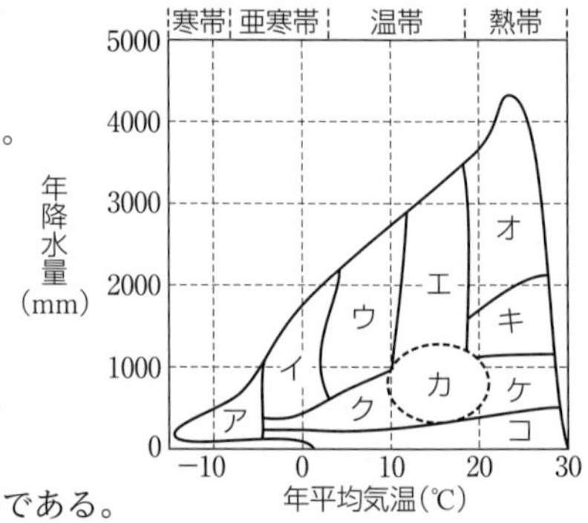

(A)　常緑樹が優占し，植物の種類数が最多である。
(B)　常緑樹が優占し，降水量が夏季に少なく冬季に多い地域に分布する。
(C)　落葉樹が優占し，雨季と乾季が交代する地域に分布する。
(D)　落葉樹が優占し，夏季と冬季が交代する地域に分布する。

考え方　(1)気温と降水量の関係からどのようなバイオームになるかを考える。サバンナは降水量が少なく，気温が高い地域に分布する。(2)降水量が夏に少なく，冬に多いのは地中海沿岸の特徴である。

解答
(1)(A)…ケ　(B)…エ　(C)…ア　(D)…イ
(2)(A)…オ　(B)…カ　(C)…キ　(D)…ウ

基本問題

思考 論述

76. 環境と生物 次の文章は，環境と生物の集団に関して述べたものである。文中の空欄に適切な語を入れ，下の問いに答えよ。

ある場所に生育する植物すべてをまとめて（　1　）という。（　1　）は，外観上の様相である（　2　）によって区別される。（　2　）を決定づける種は（　3　）と呼ばれ，ある地域の（　1　）を構成する植物のなかで，占有している面積が最も大きい。

温暖で木本の生育に十分な（　4　）がある地域では（　5　）が発達する。一方，木本が生育できないほど気温が低い地域や，（　4　）が少ない乾燥地帯には草原が広がる。また，植物の生育にとって極端に厳しい環境では（　6　）となる。

問．気候がよく似た地域どうしを比べると，たとえ（　3　）が異なっても（　2　）が似ることがあるのはなぜか，簡潔に述べよ。

知識

77. 土壌 右図は，ある森林の地中のようすを示したものである。これについて下の各問いに答えよ。

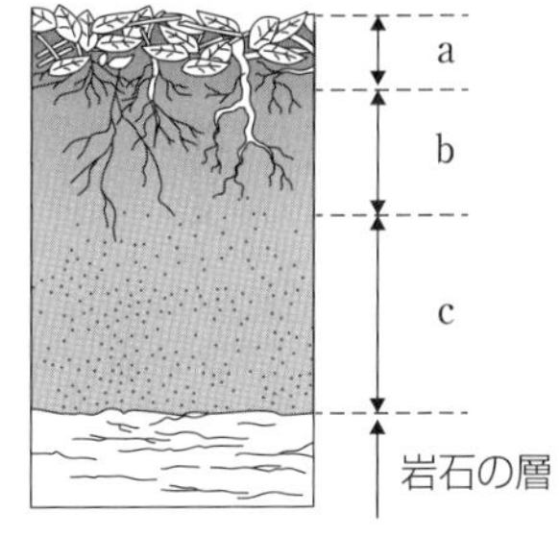

問1．土壌は，岩石が風化してできた砂などのほかに，有機物が混入してできているが，この有機物を何というか。また，その有機物はどのようにして生じるか簡潔に述べよ。

問2．問1の有機物は，図のａ～ｃのどの層に最も多く含まれるか。記号で答えよ。

問3．土壌中に生息する動物全般について，下の①～③のなかから正しいものを選び，番号で答えよ。

①　深い層に集中して生息する。　②　浅い層に集中して生息する。

③　深さに関係なく一様に生息する。

問4．発達した団粒構造がみられる土壌は，多くの植物の生育にとって良好な環境だといえる。その理由を簡潔に述べよ。

知識

78. 森林の階層構造 図は，ある登山道における森林のようすである。登山道をはさんで右側は自然林，左側は人工林である。これについて下の各問いに答えよ。

問1．自然林は，高さの異なる植物がいくつかの層をなしている。このような構造を何というか。

問2．図のA，およびBの層は何と呼ばれるか。

問3．D層の植物は，草原の植物に比べて，一般的に，光補償点および光飽和点は高いか，低いか。それぞれ答えよ。

問4．自然林と人工林で，森林を生息場所とする動物の種類が多いのはどちらだと考えられるか。

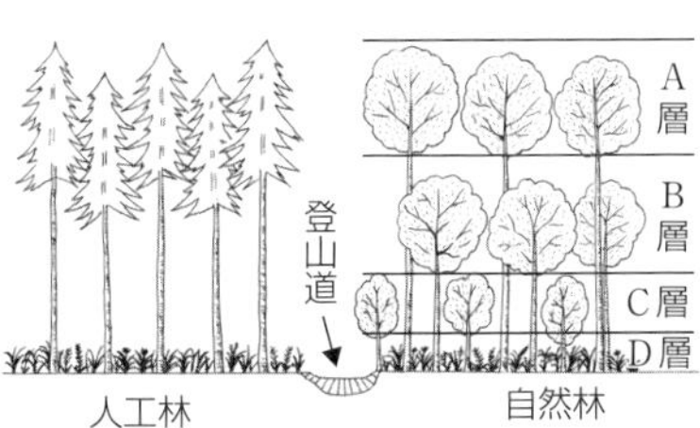

思考

79. 光合成と光の強さ ●右図は，A，B 2 種の緑色植物を使用し，光合成速度に関わる条件のうち光の強さを変え，光合成速度を CO_2 吸収速度として調べた結果を表す。下の各問いに答えよ。

問1．CO_2 吸収速度が 0 の光の強さを何というか。

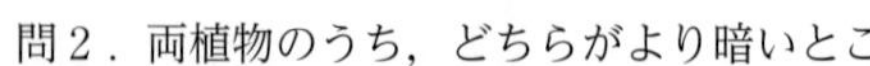
問2．両植物のうち，どちらがより暗いところで生育できるか，A，Bの記号で答えよ。また，その理由を次の①～⑥から1つ選び，番号で答えよ。

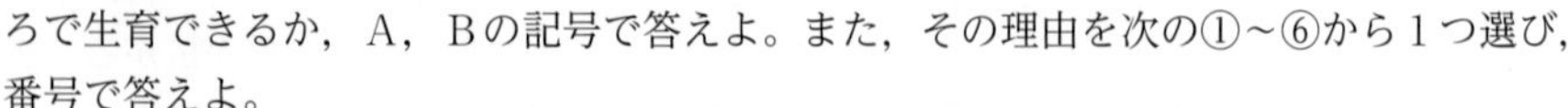

① 光補償点が高いから　　② 光補償点が低いから
③ 光飽和点が高いから　　④ 光飽和点が低いから
⑤ CO_2 吸収量が大きいから　　⑥ CO_2 吸収量が小さいから

問3．図のAとBは，陽生植物と陰生植物である。AとBのどちらが陽生植物か答えよ。

問4．光の強さが 2.5×10^4 ルクスのとき，AはBの何倍の光合成速度を示すか。

問5．光の強さを 0.3×10^4 ルクスに固定して，長期間栽培を続ける実験を行うことにした。AとBそれぞれの成長のようすとして，予想される結果を簡潔に述べよ。

思考　発展

80. 光合成と呼吸 ●右表は，ある植物Aの葉(100cm²)を用いて，温度を10℃から40℃まで変えたときの光合成速度と呼吸速度を測定した結果である。ただし，光の量は十分で一定とし，表の値は1時間当たりの CO_2 吸収・放出量(mg)を示している。下の各問いに答えよ。

温度(℃)	光合成速度	呼吸速度
10	11.0	2.5
15	16.0	3.5
20	20.0	5.0
25	20.5	7.0
30	20.0	10.0
35	18.0	13.0
40	15.0	16.0

問1．二酸化炭素の吸収速度(見かけの光合成速度)が光合成速度の半分になる温度は何℃か。

問2．葉に蓄積される光合成産物の量が最も大きくなるのは何℃か。

問3．温度が10℃と20℃のときの光の強さと CO_2 の吸収・放出速度の関係を示したグラフは，図のA～Cのいずれか。

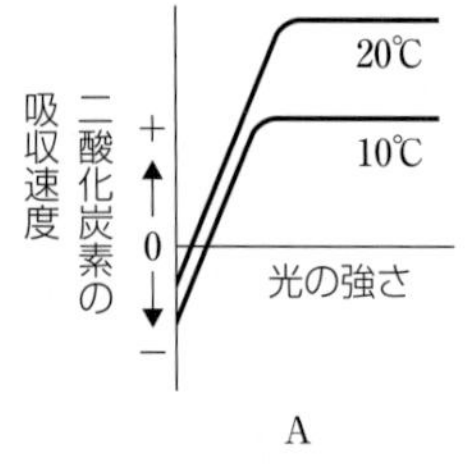

A

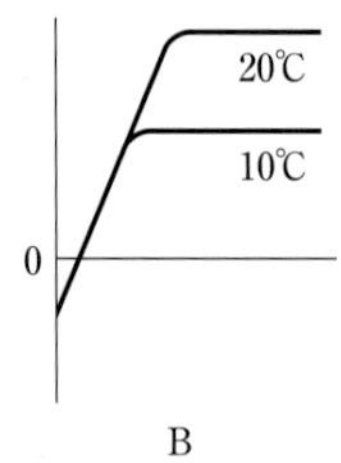

B

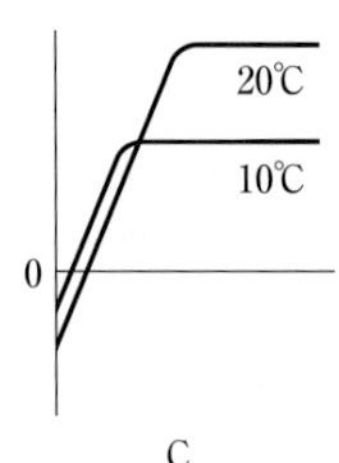

C

問4．植物Aと別の種の植物Bの光補償点を比較したい。このとき，光の強さ以外の条件を光合成速度に影響しないように制御しなくてはならない。光合成がさまざまな酵素が関わる代謝であることから考え，制御するべき条件を2つ答えよ。

知識

☐**81. 植生の遷移** 植生の遷移に関する次の文章を読み，下の各問いに答えよ。

噴火などで新しくできた裸地からはじまる遷移を(　1　)といい，山火事や森林の伐採跡地からはじまる遷移を(　2　)という。(　1　)では，最初に乾燥や養分の少ない条件で生育できる(　3　)やコケ植物が進入する。これらによって，土壌の形成がはじまり，草本が進入・定着して a草原になる。草原になると，土壌の保水力が高まり，植物の枯死体が分解されて土壌の養分はさらに増加する。やがて，木本が進入し，最初は b(　4　)の低木が，次に(　4　)の高木が生育し，c(　4　)林を形成する。森林が形成されると，林床が暗くなり，(　4　)の芽生えは生育できず，(　5　)の芽生えが成長して(　4　)と(　5　)が混在する(　6　)林となり，やがて d(　5　)林で安定する。このような，構成種がほとんど変化しない遷移の最終段階を(　7　)という。

問１．文中の空欄１～７に適当な語を入れよ。

問２．下線部ａ～ｄの代表的な植物を次のア～エから１つずつ選び，それぞれ記号で答えよ。ただし，ア～エの植物は十分に成長した状態であることとする。

ア．アカマツ　　イ．ススキ　　ウ．ヤマツツジ　　エ．スダジイ

問３．一次遷移と二次遷移について述べた次の文のうち，誤りのあるものをすべて選べ。

①　遷移初期の土壌に含まれる栄養塩類の量は両者とも同じである。

②　極相林は，一次遷移では陰樹林だが，二次遷移では陽樹林である。

③　遷移の進行は，二次遷移のほうが速い。

知識

☐**82. 遷移の過程** 右図は，植生の遷移の過程を模式的に示したものである。なお，図の樹木は成長途中の姿であり，その色の違いは，陽樹と陰樹の違いを表している。

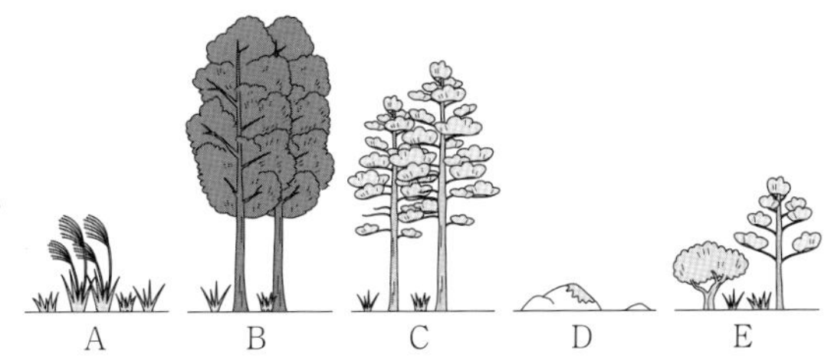

問１．図のＡ～Ｅを遷移が進む順に並べ替えよ。

問２．図のように陸地で進行する遷移を何というか。

問３．植生全体の高さが一般的に最も高くなるのは，Ａ～Ｅのどの段階の植生か。

知識　発展

☐**83. 初期の遷移** 次の文を読んで，下の各問いに答えよ。

一次遷移では，地衣類やコケ植物が必ず最初に裸地に進入するとは限らない。実際には，種子植物が進入することがある。火山灰などが堆積した裸地では，aススキやイタドリなどが進入することが多い。また，bオオバヤシャブシのような木本が進入することもある。

問１．上の文のように，遷移の初期に進入する植物は何と呼ばれるか。

問２．下線部ａとｂの植物が裸地に進入できる理由として最も適当なものをそれぞれ選べ。

①　空中の窒素を吸収して生育できる。　　②　根に窒素固定細菌が共生している。

③　果実や種子が軽く風によって運ばれる。　④　種子に多くの栄養分を貯えている。

思考

▱84. 森林の変化

●極相林において，老木が枯死したり，台風などの影響を受けたりして林冠をおおっていた大木が倒れることがある。その場合，部分的に$_{①}$林冠が途切れた空間が生じる。そのような空間では，やがて林床で$_{②}$種子が発芽したり，幼木が成長したりして，$_{③}$森林の樹木の入れ替わりが起きる。

問１．下線部①を何と呼ぶか。

問２．下線部②に関して，林外から運ばれてきたものもある。どのようにして運ばれたものか，考えられることを２つ答えよ。

問３．下線部③に関して，(A)下線部①が大きく，日光が林床に届く場合，及び，(B)下線部①が小さく，林床の照度がほとんど変化しない場合に起こる現象について，正しいものを次のア～ウからそれぞれ選び，記号で答えよ。

ア．必ず陽樹に入れ替わる。　　イ．必ず陰樹に入れ替わる。

ウ．陽樹に入れ替わることもあれば，陰樹に入れ替わることもある。

思考

▱85. 火山島の遷移

●右図は，ある火山島で行われた植生調査の結果を表した植生図である。この島には火山の火口は図の１か所しかなく，また，数十年間隔で噴火をくり返している。表は，この調査で図のA～Dの各地域にみられた植物の種類と分布を示したものである。

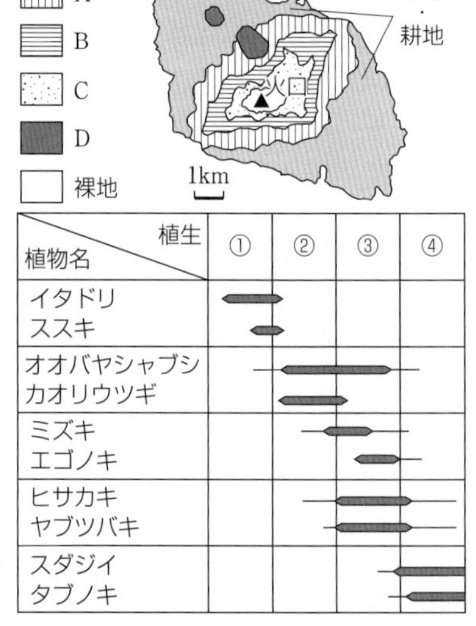

問１．図のA～Dの地域にみられた植生を，遷移が進んでいるものから順に並べよ。

問２．図のA～Dの地域にみられた植生を次のア～エからそれぞれ選び，記号で答えよ。

ア．荒原　　イ．陰樹林

ウ．低木林　　エ．陽樹・陰樹混交林

問３．表の①～④の植生は，図のA～Dのどの地域にみられるものか。A～Dからそれぞれ選び，記号で答えよ。

問４．下線部について，実施上の留意点として最も適当なものを次のa～cから選び，記号で答えよ。

ａ．条件を統一するため，調査は必ず同時刻に行う。

ｂ．調査漏れがないように，調査地域内をくまなく歩きすべての植物の記録を行う。

ｃ．生育する植物の種類だけでなく，数や密度等も記録しておく。

知識

▱86. 遷移に伴う環境要因の変化

●次のA～Dの環境要因について，遷移初期と比べて遷移後期の特徴がどうであるかを(　　　)内の語から選べ。

A．土壌(未発達，発達)　　B．栄養塩類(少ない，多い)

C．地表の温度変化(小さい，大きい)　　D．地表部に届く光の強さ(弱い，強い)

知識

☐87. バイオーム

環境と生物の集団について述べた次の文章を読み，下の各問いに答えよ。

地球上では，地域によってさまざまな環境に適応した植物や動物，菌類，細菌などが特徴ある生物の集団を形成している。このような集団を［　X　］という。陸上では，生物の集団は，そこに生育する植物に依存して成り立つため，<u>その地域の気候に対応した植生</u>の相観によって分けられる。

問1．文章中の［　X　］に適切な語を答えよ。

問2．下線部について，ある地域にどのような植生がみられるのかは，主に年平均気温と年降水量によって決まる。下の図は，気温と［　X　］の関係および，降水量と［　X　］の関係を示している。図中のア～エに適する語を入れよ。

気温と［　X　］の関係（降水量が十分な地域）

針葉樹林	ア	照葉樹林	亜熱帯・熱帯多雨林

低い ――――――――――→ 高い

降水量と［　X　］の関係（熱帯地域）

イ	ウ	エ	亜熱帯・熱帯多雨林

少ない ――――――――――→ 多い

知識

☐88. 気候とバイオーム

気候とバイオームについて，下の各問いに答えよ。

問1．①～⑥はどのバイオームについて述べたものであるか。①～⑥のバイオーム名を答え，分布域を図のA～Kから選べ。

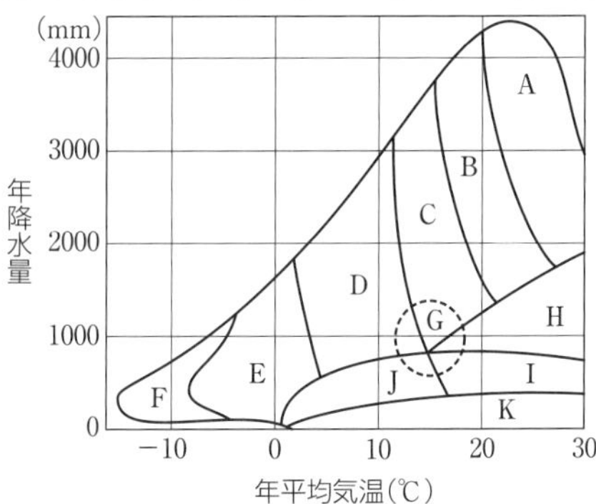

① 降水量のかなり多い暖温帯でみられる。クチクラが発達し，厚くて光沢がある常緑性の葉をもつ植物が生育する。

② 北半球の気候の穏やかな地域でみられ，広い範囲を占める。落葉性の広葉をもつ木本が優占する森林が発達している。

③ 熱帯から亜熱帯にかけての地域でみられ，雨季に葉をつけ，乾季に落葉する植物が生育する。

④ 地中海沿岸地方などの，降水量が夏は少なく，冬は比較的多い地域でみられる。葉が小さく，乾燥に強い植物が生育する。

⑤ 長い乾季の続く熱帯地域に発達した草原で，木本がまばらに分布する。代表的な例がアフリカにみられる。

⑥ 低温の高緯度地方にみられる荒原で，目立たない植物がわずかに生育する。代表的なものは，シベリアとアラスカにみられる。

問2．次のア～キの植物を代表とするバイオームを図のA～Kから選べ。

ア．トドマツ・エゾマツ　　イ．多肉植物　　ウ．イロハカエデ・ブナ

エ．オリーブ・コルクガシ　　オ．チーク　　カ．イネ科植物・アカシア

キ．つる植物・ヤシ・フタバガキ

知識

☐ **89. 世界のバイオーム** ●図は，主にユーラシア大陸のバイオームの分布を示したものである。次のア～オの文章は，どのバイオームに関して述べたものか。バイオーム名を下のａ～ｊから，分布域を図の①～⑩から，それぞれ選べ。

ア．低温のために有機物の分解が進みにくく土壌中の栄養塩類が乏しい。丈が低い植物がわずかに生育する。

イ．極端に乾燥する地域に分布する。体内に水を貯蔵するしくみを発達させた多肉植物などがわずかにみられる。

ウ．分解者の活動が活発で有機物が分解されやすく，また多量の雨により流されやすいため，土壌が厚くなりにくい。

エ．温帯の内陸部に分布し，木本はほとんどみられない。

オ．葉の表面積を小さくすることなどにより耐寒性を高めた常緑樹が優占する。

ａ．夏緑樹林　ｂ．針葉樹林　ｃ．硬葉樹林　ｄ．雨緑樹林　ｅ．熱帯多雨林
ｆ．照葉樹林　ｇ．ステップ　ｈ．ツンドラ　ｉ．サバンナ　ｊ．砂漠

知識

☐ **90. 日本のバイオーム①** ●次の文章は，ある高校生の登山の記録である。文章中の（　ａ　）～（　ｓ　）に適切な語を，下の語群⑴～㉔から選び，番号で答えよ。

標高 3180m の槍ヶ岳に登山した。自宅のある名古屋市内からバス移動だ。自宅は標高が低く，分布帯は（　ａ　）だから周辺の自然林は，（　ｂ　），（　ｃ　），（　ｄ　）などが優占する（　ｅ　）だ。登山口のある上高地の手前では，バスの車窓から，（　ｆ　）や（　ｇ　）などが優占する（　ｈ　）が広がっているのがみえた。上高地の標高は 1500m なので，分布帯はここを境に（　ｉ　）から（　ｊ　）になる。歩きはじめると，森林も（　ｋ　）や（　ｌ　）などが優占する（　ｍ　）に変わっていくことがわかった。さらに登り，ある標高を超えると急に視界が開けて絶景が広がった。ここから上の（　ｎ　）には，（　ｏ　）や（　ｐ　）などの低木が生育し，高木の森林は発達していないからだ。このような森林が形成されなくなる境界は（　ｑ　）という。山頂からは，眼下に「お花畑」と呼ばれる（　ｒ　）の草原もみられた。このように標高が増すにつれて気温が下がり，気温の変化に対応してバイオームも変化していく。このバイオームの分布を（　ｓ　）と呼ぶそうだ。

〔語群〕

⑴　水平分布	⑵　垂直分布	⑶　丘陵帯	⑷　高山帯
⑸　亜高山帯	⑹　山地帯	⑺　森林限界	⑻　照葉樹林
⑼　夏緑樹林	⑽　雨緑樹林	⑾　硬葉樹林	⑿　高山植物
⒀　針葉樹林	⒁　スダジイ	⒂　ブナ	⒃　キバナシャクナゲ
⒄　タブノキ	⒅　ミズナラ	⒆　アラカシ	⒇　ハイマツ
㉑　シラビソ	㉒　コメツガ	㉓　チーク	㉔　ガジュマル

知識

☐ 91. 日本のバイオーム② 図は横軸に緯度をとり，縦軸に標高をとって日本列島のバイオームの垂直分布を模式的に表したものである。

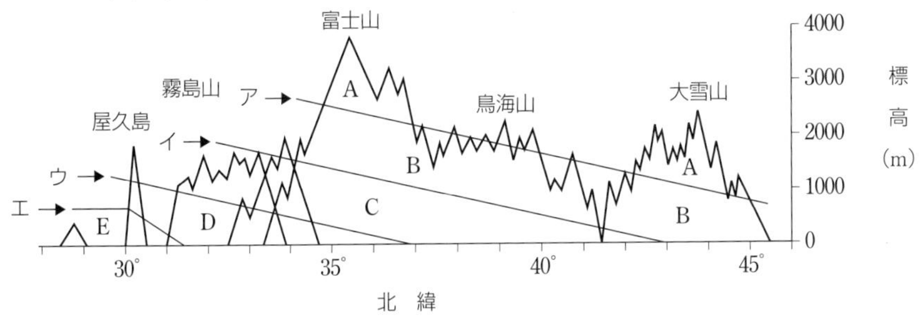

問1．図中のア～エのうち，森林限界を示すのはどれか。記号で答えよ。

問2．B～Eの自然植生において，次のどの樹木が優占するか。それぞれ番号で答えよ。

① 常緑広葉樹　② 落葉広葉樹　③ 常緑針葉樹　④ 落葉針葉樹

問3．B，C，Dの極相段階の森林で，優占する樹種の例として適当なものはどれか。ア～キから1つずつ選び，それぞれ記号で答えよ。

ア．キバナシャクナゲ　イ．アカマツ　ウ．オオシラビソ　エ．スダジイ
オ．ソテツ　カ．ハイマツ　キ．ブナ

思考 論述

☐ 92. 気候データの利用 森林が形成される湿潤な地域Aと地域Bにおける年間の気温の推移を比較するために，下図のグラフを作成した。下の各問いに答えよ。

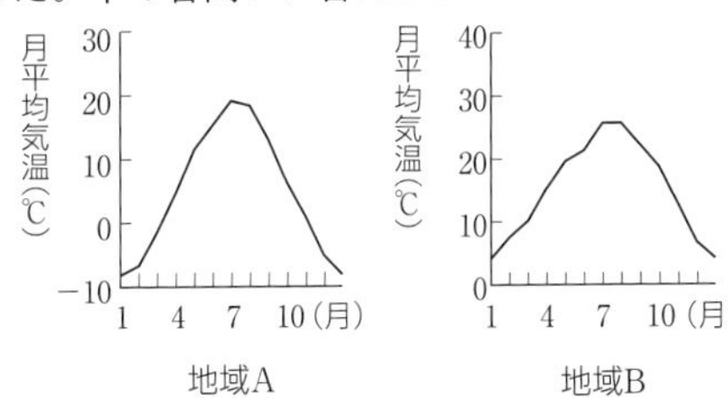

問1．地域Aのバイオームを答えよ。

問2．2つのグラフを友人にみせたところ，「地域AとBの気温の推移はほとんど同じだということがわかるね」と言われた。このような誤解を避けるための，このグラフの改善すべき点を指摘せよ。

問3．別の友人が，地域Cと地域Dでは，隣接しているにもかかわらず互いにバイオームが異なっていることに気が付いた。そこで，それぞれの地域の年平均気温と年降水量を調べたところ，年降水量で大きな違いがみられたため，年降水量がその原因である可能性が高いと考察した。この考察に至るまでの手順は正しいか。理由も答えよ。

思考 作図

☐ 93. 陽葉と陰葉の観察と表現 よく成長した1本のヤマモモについて，日当たりのよい上部の葉(陽葉)と日当たりのよくない下部の葉(陰葉)を採取し，両方の葉の断面を光学顕微鏡で観察して構造を比較した。そして，その結果を発表するために資料を作成することになった。断面の観察からわかる陽葉と陰葉の違いを友人に伝えるための資料の例を示せ。ただし，観察結果は，違いを説明するのに十分な理想的なものであったこととする。また，作成する資料に載せる情報は，横16cm，縦9cmの範囲に納めること。

思考例題 ⑤ 遷移に関する情報を抜き出して整理する

課題

ある海洋島で1998年に実施された植生調査の結果では，1199年以前に噴出した溶岩上には，樹高の高い成熟したスダジイやタブノキなどの常緑広葉樹が優占する階層構造の発達した森林が見られた。1962年に噴出した溶岩上に優占していた樹種はオオバヤシャブシであり，大小さまざまな樹高のオオバヤシャブシからなる植生が形成されていた。Aに噴出した溶岩上にもオオバヤシャブシが優占していたが，それらはすべて樹高が1.3mに満たない小さいものであった。一方，Bに噴出した溶岩上には樹高が1.3mを超えるオオバヤシャブシのみが見られたが，それらが優占することはなく，タブノキや落葉広葉樹のオオシマザクラなどと混在していた。

問．AとBに当てはまる適当な西暦を以下のア～オから1つずつ選び記号で答えよ。

ア．紀元前500年　　イ．684年　　ウ．1874年　　エ．1983年　　オ．1999年

(18．三重大)

指針 文中に示された調査結果から，各噴火年代の溶岩上に形成されている植生を判断し，遷移の段階順に並べて噴火年代を確定させる。

次のStep 1，2は，課題を解く手順の例である。空欄を埋めてその手順を確認せよ。

Step 1 調査結果を整理して判断する

文章で長く説明されているものは，表や図に置き換えて整理するとよい。この問題では，文中の情報からわかることを下表のようにまとめると整理しやすい。

溶岩が噴出した年代	植生の状況	植生の状況から判断される遷移の段階
1199年以前	スダジイやタブノキが優占する	(1)(極相)
1962年	大小のオオバヤシャブシが優占する	(2)
A	小さいオオバヤシャブシが優占する	(3)
B	オオバヤシャブシがタブノキやオオシマザクラと混在する	(4)

Step 2 知識と関連付ける

Step 1の表の年代を遷移の段階順に並べると次のように示すことができる。

荒原 → 草原 → (3) → (2) → (4) → (1)

(3)…A　(2)…1962年　(4)…B　(1)…1199年以前

噴出した年代が古いものほど，遷移の進んだ植生であるので，Bは1199年から1962年の間の年代であり，Aは1962年から1998年(調査年)の間の年代であることがわかる。これらに当てはまる年代を選択肢から判断する。

Stepの解答 1…陰樹林　2…陽樹林　3…低木林　4…混交林

課題の解答 A…エ　B…ウ

思考例題 ⑥ バイオームの分布を模式図を用いて整理する …………

課題

日本は，南北方向に水平分布が見られるが，同時に特徴的な垂直分布も見られる。次の説明文は，日本列島の太平洋側の海岸から日本海側の海岸へと直線を引き，この直線に沿ったバイオームの変化である。最も適切な直線を図から選べ。

<説明文>海岸の近くはスダジイやタブノキが優占する照葉樹林であったが，すぐにブナやミズナラなどが優占する夏緑樹林となった。標高が高い数か所ではシラビソなどが優占する針葉樹林となり，後半になって，高木がなくコマクサなどの草本植物が優占する地点を1か所通過した。その後は再び夏緑樹林と照葉樹林を通り，海岸へと至った。

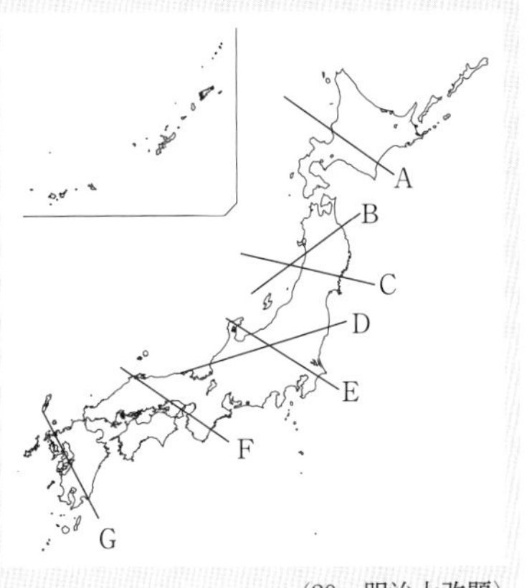

(20．明治大改題)

指針 説明文中の情報から得られる直線上の距離のイメージとバイオームの分布の知識を関連付けて判断する。

次のStep 1，2は，課題を解く手順の例である。空欄を埋めてその手順を確認せよ。

Step 1 説明文を解釈して図式化して整理する

日本海側 ←――――――――――――――――――――――――――――― 太平洋側

照葉樹林	夏緑樹林	針葉樹林	お花畑	針葉樹林	(1)	針葉樹林	夏緑樹林	照葉樹林

標高の高いところで針葉樹林が数か所，後半に高山植物の草原という表現から，お花畑以外にも針葉樹林に挟まれたバイオームが存在する可能性がある。垂直分布において，針葉樹林と隣接するものは（　1　）である。また，標高が高い山の垂直分布を上から見ると，短い距離で針葉樹林や（　1　）などがくり返しているように見える。

太平洋側は，すぐに夏緑樹林となったとあるため，太平洋側の照葉樹林の距離は短い。

Step 2 知識と関連付ける

Step 1でイメージしたバイオームと直線上の距離の関係と日本のバイオームの分布や地理に関する知識を関連付けて判断する。

照葉樹林からはじまり照葉樹林で終わること，後半で高山帯を通過していることなどから判断し，この順序でバイオームの変化が見られる直線は（　2　）か（　3　）のみとして，正答候補を絞り込む。次に，はじまり（太平洋側）の照葉樹林を通る部分の距離が短いことから判断する。（　2　）は千葉県の海岸線から標高が低い関東平野を通るため，照葉樹林に当たる部分の距離は長い。一方で，（　3　）は，福島県の海岸からはじまってすぐに冷涼な内陸部に入るので，照葉樹林に当たる部分の距離は短い。

Stepの解答 1…夏緑樹林　2…E　3…D　**課題の解答** D

例題
解説動画

発展例題4　陽樹と陰樹の交代

➡発展問題 94

植生の遷移に関する次の文章を読み，下の各問いに答えよ。

新しくできた溶岩台地など，土壌や植物体がない場所からはじまる植生の遷移を［　ア　］と呼び，山火事跡地などのすでに土壌が形成されている場所からはじまる遷移を［　イ　］と呼ぶ。遷移が進むにつれて，出現する植物種は変化するが，やがて種組成がほとんど変化しない極相と呼ばれる安定した状態になる。日本では，降水量が豊富なため森林が極相になることが多いが，$_a$どのような極相林が成立するかは，主にその地域の年平均気温に支配される。遷移において植物種の交代が起こるのは，生育に必要な資源をめぐる$_b$植物種間の奪い合いの結果と考えることもできる。

問1．上の文章のア，イに入る最も適切な語を答えよ。

問2．下線部aに関して，本州の中国地方における標高200mの地点で植生の遷移が進み，極相まで達したとする。次の(1)，(2)に答えよ。

(1)　この地点で極相まで達したバイオームの名称として最も適当なものを答えよ。

(2)　このバイオームの高木層をつくる代表的な植物について，次の(ア)～(ケ)のなかから適当なものを2つ選び，記号で答えよ。

(ア)ブナ　(イ)コルクガシ　(ウ)タブノキ　(エ)オオシラビソ　(オ)ミズナラ
(カ)ハイマツ　(キ)コメツガ　(ク)スダジイ　(ケ)アコウ

問3．下線部bに関連して，異なる2つの資源（資源1と資源2）をめぐる2種の植物（陽樹と陰樹）の間で，右図に示す関係が成り立つと仮定する。この図で資源1と資源2の量は，「とても少ない」，「少ない」，「多い」，「とても多い」の4つに区分されている。これらの資源について，一方の種は図中の境界線ａｂｃで区切られた量に満たない場合に，また他方の種はｄｅｆで区切られた量に満たない場合に，それぞれ安定に生存できない。資源1と資源2の量が実線で囲まれた領域Ⅰや領域Ⅱにある場合は，資源の奪い合いを経てどちらか一方の種が生き残るが，領域Ⅲにある場合は両種が安定に共存できる。これらのことをふまえ，次の(1)～(3)に答えよ。ただし，両種の資源の奪い合いにおいて，資源1と資源2以外の影響は無視できるものとする。

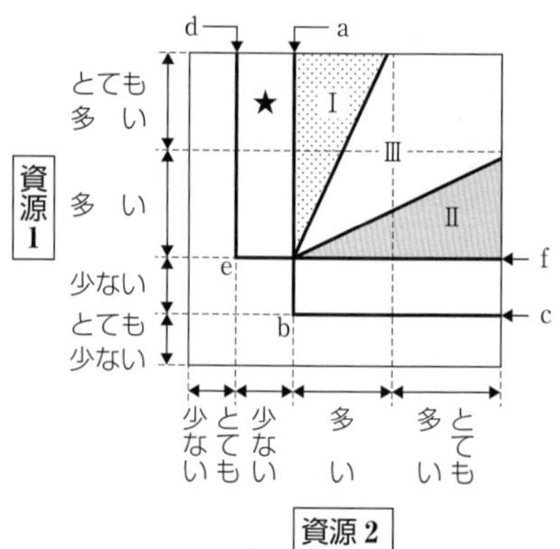

(1)　次の①～③に記述した現象が成立する資源量について，下の(ア)～(キ)のなかから適当なものをすべて選び，記号で答えよ。

①一方の種のみが生存することは無く，両種は安定に共存できる。

②一方の種のみ生存できるが，両種は安定的に共存できない。

③両種とも安定に生存できない。

(ア)資源１，資源２とも少ない。　(イ)資源１は少なく，資源２はとても多い。
(ウ)資源１は多く，資源２は少ない。　(エ)資源１，資源２とも多い。
(オ)資源１は多く，資源２はとても多い。
(カ)資源１はとても多く，資源２は多い。　(キ)資源１，資源２ともとても多い。

(2)　資源１を「光」，資源２を「土壌養分」とした場合，陰樹のみが生存できる資源量の記述として，最も適当なものを，(1)の(ア)～(キ)のなかから１つ選べ。

(3)　一般に，遷移の初期では陽樹が出現するが，遷移が進むにつれて陰樹に交代する。資源１と資源２を(2)と同様に定義した場合，資源量と生存の観点から，陽樹が陰樹に交代する理由を40字以内で記せ。ただし，遷移の初期における資源量は図中の★印で示してある。　（広島大）

解答

問１．ア…一次遷移　イ…二次遷移　　問２．(1)照葉樹林　(2)(ウ)，(ク)

問３．(1)①…(キ)　②…(イ)，(ウ)　③…(ア)　　(2)(イ)　　(3)土壌養分はふえ，林床の光が弱くなり，陰樹のみの生存に適する条件になるから。(37字)

解説

問２．中国地方を含む本州西南部における極相について，約500m以下の丘陵帯では照葉樹林となる。タブノキ，スダジイはともに照葉樹林の代表的な樹種である。

問３．(1)　右図は，(ア)～(キ)の条件を図１に当てはめたものである。①両種が安定して生存できる領域Ⅲのみになっているのは(キ)のわくのみである。②(イ)と(ウ)は，一方の種のみが安定して生存できる。なお，(イ)と(ウ)それぞれで生存する種は別の種である。③(ア)は，両種とも安定して生存できるわくを外れている。

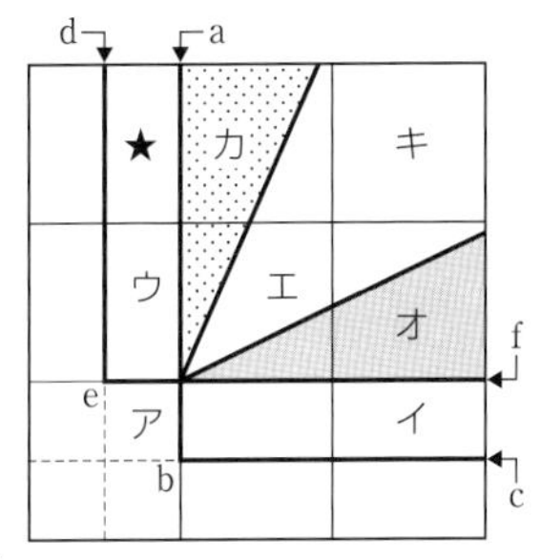

(エ)，(オ)，(カ)のわくに関して，領域Ⅱと領域Ⅲの境界線が位置している。これは，一方の種のみが生存できる場合と２種が共存できる場合の両方があり得ることを示している。

(2)　資源１が「光」であるなら，直線ｂｃと直線ｅｆはそれぞれの種の生存の可否を分ける光の強さなので光補償点を示すと考えられる。陽樹は陰樹と比べて，光補償点が大きいので直線ｅｆが陽樹の光補償点である。より低い光で生存できているのはａｂｃで区切られた種であり，これが陰樹であると判断される。ａｂｃで区切られたわくの中で，陰樹のみが生存できる条件は(イ)である。

(3)　遷移が進むにつれて，土壌養分は豊かになっていく。また，森林は発達するほど林床に届く光の量は少なくなっていく。この２つの変化は同時に起こるので，★から右下方向への変化が進んでいく。(イ)の条件になったころ，土壌養分も林床の光量もほとんど変化が無くなり，極相である陰樹林に達する。陰樹に交代する理由は，土壌養分が陰樹の生存できる量に達することと，林床の光が弱くなり陽樹の光補償点を下回ることが主要因である。この問いでは両条件の変化を記述することが重要である。

発展問題

思考 論述 作図

□94. 植生と遷移 ■植生と遷移に関する次の文章を読み，下の問いに答えよ。

ある地域の植生が時間とともに変化していくことを遷移と呼ぶ。噴火で流出した溶岩によって生じた裸地には土壌がなく，植物の種子や根などもない。このような場所からはじまる遷移を一次遷移と呼ぶ。このうち陸上ではじまる乾性遷移では，地衣類やコケ植物などが①最初に進入してくる場合が多い。地衣類は，②(　ア　)類が(　イ　)類やシアノバクテリアと密接につながりをもちながら生活する生物である。これらの生物が定着することにより土壌が形成されると，乾燥に強く成長の速い草本植物が生育できるようになる。土壌の形成がさらに進むと木本植物が生育できるようになり，陽樹からなる林冠が形成される。これらの③陽樹はやがて陰樹に置きかわり極相林となる。

問１．下線部①のような生物種を何と呼ぶか答えよ。

問２．(　ア　)と(　イ　)に入る適切な語句を答えよ。

問３．下線部②のような関係を何と呼ぶか答えよ。

問４．下線部③について，次の(1)～(3)の各問いに答えよ。

(1) 陽樹と陰樹に関して，想定される光－光合成曲線(〔光の強さ〕と〔二酸化炭素の吸収速度〕の関係を示す曲線)を下の図中に描き入れ，それぞれの曲線について「光補償点」と「光飽和点」の位置を記せ。なお，陽樹は陽生植物の特徴を陰樹は陰生植物の特徴をそれぞれ示すものとする。

(2) 陽樹が陰樹に置きかわっていく理由を(1)と関連させながら，120字以内で説明せよ。

(3) 極相林といっても実際には極相樹種だけではなく，さまざまな種類の樹木で構成されている。その理由を100字以内で説明せよ。

(19．信州大改題)

ヒント

問４．(2) (1)と関連させながら理由を書くためには，陽樹と陰樹の「光補償点」に注目し，光の強さと植物の成長の関係を論点にして説明する必要がある。(3) 「さまざまな種類の樹木」には陽樹が含まれる。極相林においても，陽樹が生育するための条件が整う場所があるということである。

思考

95. バイオームの分布① ■次の(a)~(c)の図は，特徴的なバイオームの観測地点における年平均気温と年降水量を表したものである。これらに関する以下の問いに答えよ。

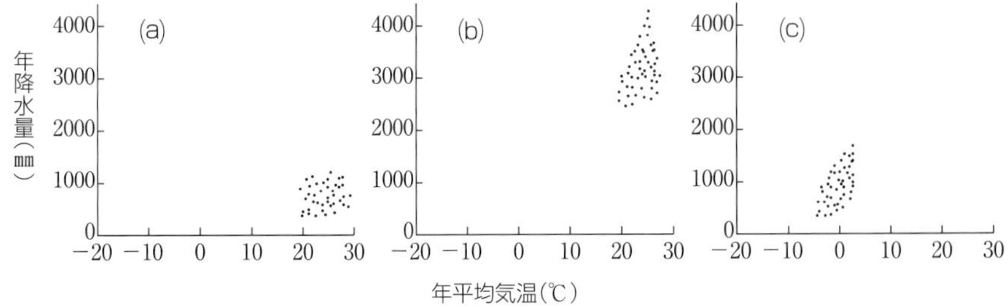

問1．(a)~(c)のバイオーム名を答えよ。また，それぞれのバイオームが地球上のどこに分布しているのか，次の図の①~⑩から選び番号で答えよ。

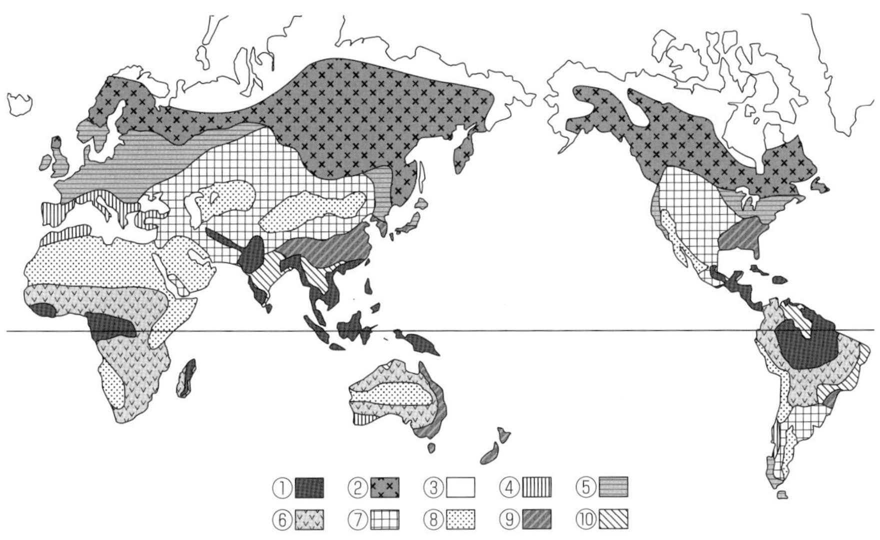

問2．(a)~(c)のバイオームに関して，適切な記述をそれぞれ1つずつ選び，番号で答えよ。

① 草本が優占し，木本が散在する。
② コケ植物・高さの低い木本などが優占する。
③ 落葉広葉樹が優占する。
④ 常緑広葉樹が優占する。
⑤ トウヒ・カラマツ等が優占する。
⑥ 多肉植物やイネ科草本がまばらに生えている。 (18．熊本大改題)

ヒント

問1．地球上で，最も低温の地域の年平均気温はおよそ −15℃，最も高温の地域の年平均気温はおよそ30℃である。また，最も多雨な地域の年降水量はおよそ 4000mm である。

思考 論述

☐96. バイオームの分布② ■次の文章を読み，下の各問いに答えよ。

地球上のある地域に生息する植物や動物など，すべての生物の集まりをバイオームという。類似した気候のもとでは，よく似た相観をもったバイオームが成立している。したがって，その地域の年平均気温と年降水量の組み合わせによって，バイオームを区分することができる。また，気温と降水量の季節的な変化の違いもバイオームの違いに影響している。図1は世界の陸上バイオームと年平均気温および年降水量の関係を示している。

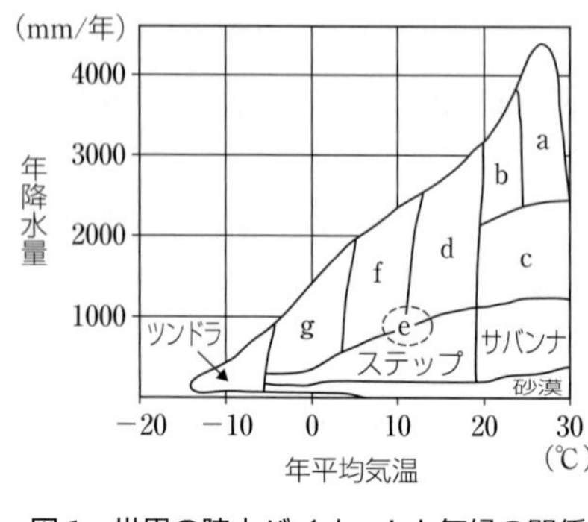

図1　世界の陸上バイオームと気候の関係

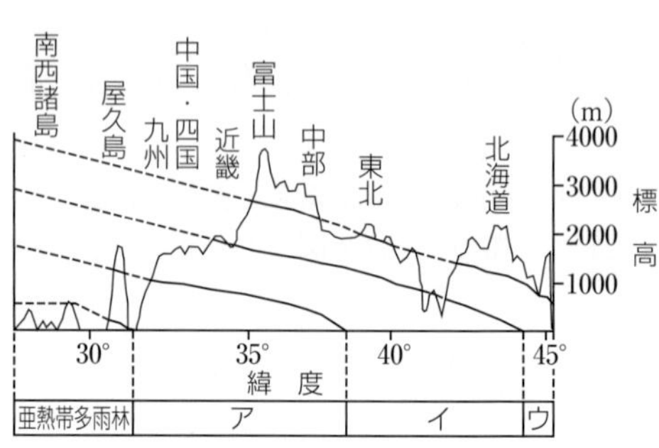

図2　日本のバイオームの垂直分布

問1．図2は日本列島のバイオームの垂直分布の模式図である。ア～ウのそれぞれに対応するバイオームを図1のa～gの記号で答えよ。

問2．図2のア～ウのそれぞれに対応するバイオームにおいて，日本列島で優占する樹木の生活形を下記の語群Aから1つ，主要な樹種を語群Bから1種類，選んで答えよ。

〔語群A〕　落葉針葉樹　　常緑針葉樹　　落葉広葉樹　　常緑広葉樹

〔語群B〕　ブナ　　オリーブ　　スダジイ　　トドマツ　　ハイマツ　　アコウ

問3．異なる地域において，年平均気温および年降水量の組み合わせが類似していても，気温と降水量の季節的な変化が異なると，異なるバイオームが形成される。冬季に降水量が多く，夏季に乾燥する地中海沿岸地域では，その気候に適応した常緑樹が優占する森林となる。このバイオームを図1のa～gの記号から選び，その名称も答えよ。

問4．図3は地球上の気象観測地点における年降水量と緯度の関係を示している。図1と図3から判断して，日本列島におけるバイオームのほとんどが森林である理由を120字以内で述べよ。

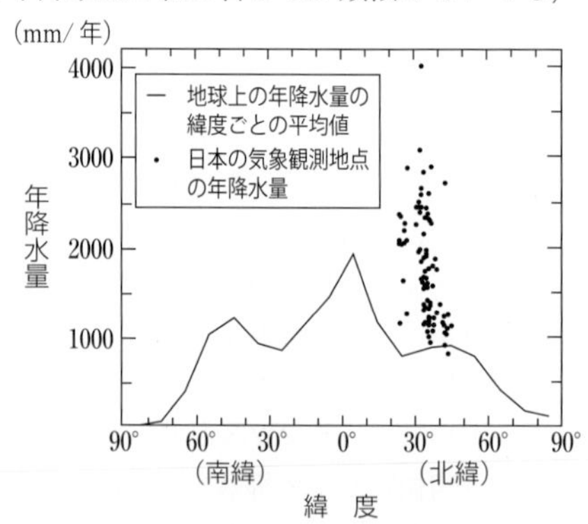

図3　地球上の年降水量の緯度分布

（17．京都府立大改題）

問4．緯度は年平均気温と相関関係がある。

思考 論述 計算

97. バイオーム ■次の文章を読み，下の各問いに答えよ。

二酸化炭素やメタンなどの(　ア　)ガスの濃度上昇が原因となっている地球温暖化が，高山帯に生育する植物に与える影響を調べるため，２つの野外調査を行った。高山帯までの登山道では垂直分布を観察することができ，丘陵帯の人工林から，ブナやミズナラが優占する(　イ　)林となり，次第に亜高山帯の(　ウ　)林へ移行した。まず，温暖化によってハイマツの分布範囲に変化があるかどうかを調べるため，標高ごとにハイマツの樹齢を調べた(図１)。また，温暖化によって，昆虫との関係を通して植物の果実生産に変化があるかどうかを調べるため，昆虫が花粉を媒介する草本２種(A，B)の果実形成率(花の数に対する成熟果実の数の割合)と開花期間，および昆虫の活動期間を２年間調べた(図２と図３)。

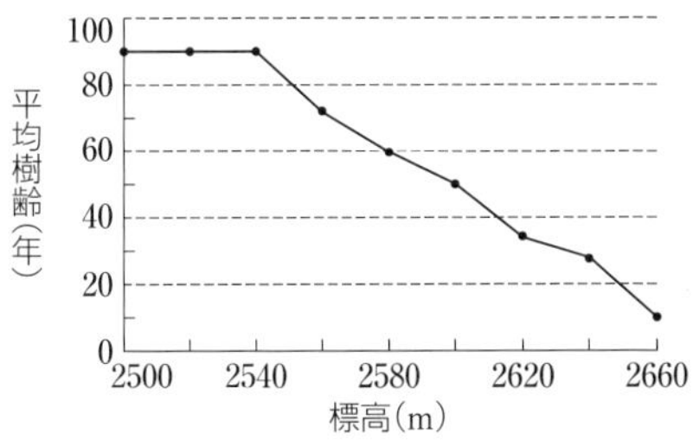

図1　標高とハイマツの平均樹齢の関係

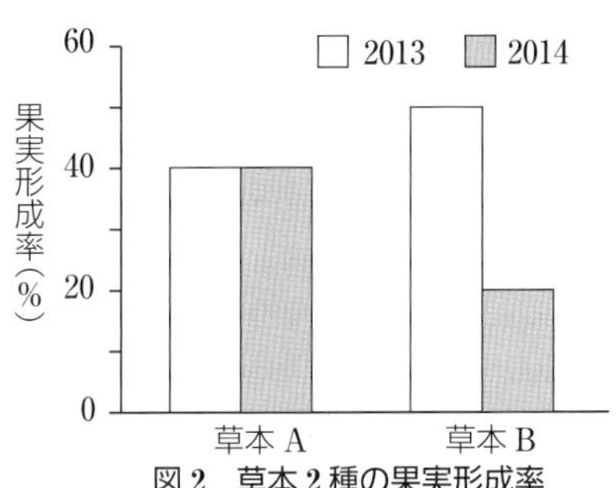

図２　草本２種の果実形成率

	5月	6月	7月
月平均気温(℃)			
2013年	3.2	6.9	12.0
2014年	7.3	9.1	14.6
開花期間　草本 A			
開花期間　草本 B			
ハチ類の活動期間			
ハエ類の活動期間			

□ 2013　■ 2014

図３　５～７月の月平均気温，草本２種の開花期間，および昆虫の活動期間

問１．(ア)～(ウ)に当てはまる適語を答えよ。

問２．図１の結果から，ハイマツの分布範囲は平均するとどれくらいの速度で上昇していると考えられるか。式とともに示せ。

問３．現在ハイマツが2680ｍまで分布しており，それより高い部分には草本Cが分布していた。草本Cはハイマツの下では生育できないことが分かっている。この山の標高を2752ｍとすると，ハイマツの分布範囲の上昇が草本Cに与える影響を，その理由とともに130字以内で記せ。なお，ハイマツの分布範囲の上昇速度は現在と同じで，ハイマツは地形の局所的な違いによらず山全体を覆うように生育できるものとする。

問４．図２と図３の結果から考察される，草本Bの果実形成率が変化し，草本Aの果実形成率が変化しなかった理由を200字以内で説明せよ。草本AとBの２種では，自個体の花粉でも他個体の花粉でも果実形成率は同じである。　(名古屋大改題)

ヒント

問４．ハチ類とハエ類の活動期間の変化の有無に注目し，それぞれがどの草本の受粉を担っているかを考える。

思考 論述 やや難

98. 森林の構造

■次の文章を読み，下の各問いに答えよ。

図(a)～(d)の特徴をもつ，森林1～3と樹木(種A，種B)について考える。図(a)～(c)において，「種A」は森林1と3で得たデータ，「種B－1」，「種B－2」はそれぞれ森林1，2で得た種Bのデータである。図(d)は林床から林冠上面の間の光強度の変化を示す。

森林1と3は主に種AとBで構成される森林である。森林1は，種Aは高木層のみにまばらに出現し，種Bはすべての階層で優占する。森林3では，種Aは高木層と亜高木層で優占し，種Bは低木層のみにやや密に出現する。森林3は撹乱後の経過年数が森林1よりも短い。森林2は種Bのみの森林で，他の森林よりも標高の高い，森林限界に近い地点にある。しかし種子の生産は順調で，森林の状態は安定している。

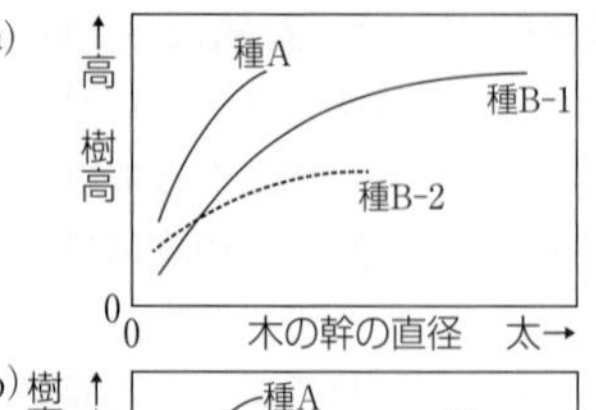

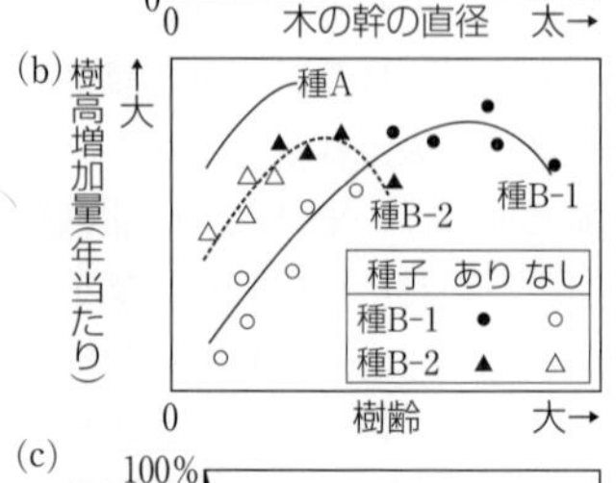

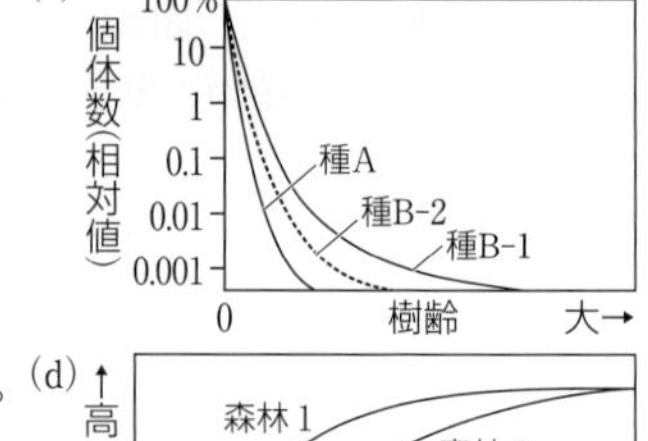

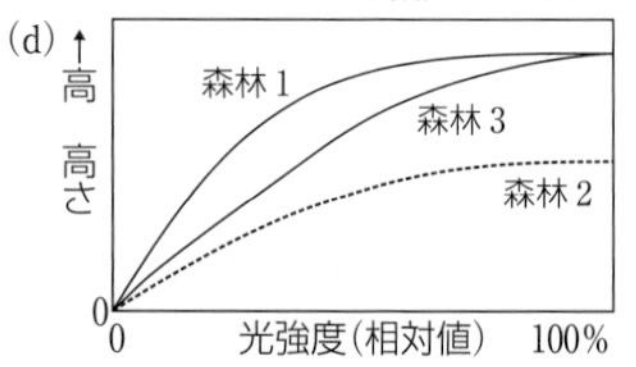

問1．図(a)～(d)を年平均気温 −3～1℃，年降水量1200～1500mm の地域で取得したと仮定すると，次の組み合わせのうち適切なものはどれか。記号で答えよ。

	バイオーム	種A	種B
ア	照葉樹林	アカメガシワ	スダジイ
イ	夏緑樹林	ミズナラ	ブナ
ウ	針葉樹林	ダケカンバ	オオシラビソ

問2．森林3は大きな撹乱のないまま年数が経過すると，森林1のような森林に変化すると推定される。その説明として，以下の文中の(　1　)～(　6　)に当てはまる語を語群からそれぞれ選べ。

(　1　)で成長が(　2　)種Aは，撹乱で地表まで明るくなった際に侵入し優占したが，木の成長とともに暗くなった森林の中では(　3　)できない。一方，成長は(　4　)，耐陰性は高い，寿命は(　5　)という性質をもつ種Bが，やがてすべての階層で優占する。このような森林の変化を(　6　)という。

〔語群〕 陽樹　陰樹　速い　遅い　短い　長い　遷移　更新

問3．図(a)～(c)の種B－1，B－2で示すように，同じ種でも，環境によって成長や繁殖，死亡率が異なる場合がある。また，これらの違いと密接に関連して，同じ種が優占する森林(森林1と2)であっても，垂直構造が異なり，その結果，図(d)のように林内の光勾配にも違いが生じる場合がある。

以上を参考に，森林限界に近い森林2のような環境でも，種Bが継続的に種子を生産して存続している理由や過程について，森林1との比較から240字以内で考察せよ。

(20．横浜国立大改題)

ヒント
問3．4つの図から森林1と2における種Bの違いを読み取り，それぞれがどのような森林かを考える。

思考 計算

99. 暖かさの指数と植生

次の文章を読み，下の各問いに答えよ。

我が国はほぼ全域にわたって降水量が豊かであり，森林が成立する条件を備えている。そのため，バイオームの違いは主に気温の違いを反映している。緯度に沿って水平方向に生じる気温の変化に対応してバイオームが変化するだけでなく，①標高の違いによって生じる垂直方向の気温の変化に対してもバイオームが変化する。

気温によるバイオームの違いは，植物の生育に有効な気温を用いると，より明確となる。一般に，植物の生育には月平均気温で5℃以上が必要であるとされる。月平均気温が5℃以上の各月について，月平均気温から5℃を引いた値の1年間の合計値を②暖かさの指数(WI：warmth index)と呼び，一定のWIの範囲内において特定のバイオームが成立することが知られている。降水量が多い我が国においては，WIが15<WI≦45の場合は③針葉樹林，45<WI≦85の場合は(　ア　)，85<WI≦180の場合は(　イ　)，180<WI≦240の場合は④亜熱帯多雨林となる。

⑤気温と降水量から判断すると，我が国のほとんどの地域では極相として森林が発達するはずである。しかし，山地にはしばしばススキやシバなどの草原がみられる。これらの草原の多くは，人の手が加わることにより，森林へと遷移せず，草原に保たれている。

問1．文章中の(　ア　)，(　イ　)に適切な語を入れよ。

問2．下線部①について，一般に標高が1000m増すごとに気温はどのぐらい低下するか。最も適当な値を，次のa～eのうちから1つ選び，記号で答えよ。

a．1℃　b．3℃　c．6℃　d．12℃　e．24℃

問3．表1は松江市の月平均気温(℃)を示している。この表を用いて下線部②に示した暖かさの指数に関する以下の問いに答えよ。

表1

1月	2月	3月	4月	5月	6月	7月	8月	9月	10月	11月	12月
3.9	4.3	7.2	12.5	17.2	21.1	25.3	26.6	22.3	16.4	11.3	6.6

(1) 表1から松江市の暖かさの指数を計算し，小数第1位までの数値で答えよ。

(2) 気候変動によって松江市の月平均気温がすべての月で表1よりもx℃上昇し，暖かさの指数から，松江市で亜熱帯多雨林が成立すると判断されたとする。この場合におけるxの最小値を，小数第1位まで答えよ。ただし，降水量は変化しないとする。

問4．下線部③と④のバイオームに特徴的にみられる種として最も適当なものを，次の選択肢からそれぞれ2つずつ選び，記号で答えよ。ただし，同じ種を2回以上選んではいけない。

a．ブナ　b．ビロウ　c．ミズナラ　d．タブノキ
e．アコウ　f．シラビソ　g．スダジイ　h．コメツガ

問5．下線部⑤に述べられているように，放置すれば森林へと遷移する場所が人為的に草原として保たれる草原管理の方法を2つあげよ。 (島根大改題)

ヒント
問3．(2)WIを求める式を作り，WIが180を超えるようなxの値を求める。

第4章 植生と遷移

5 生態系とその保全

1 生態系

❶生態系の成り立ち

(a) **生態系の構造** 生物の集団とそれをとりまく環境を物質循環や生物どうしの関係性をふまえて機能的なまとまりとしてとらえたものを**生態系**という。

- **生産者**…植物や藻類などのように，無機物から有機物をつくる独立栄養生物。
- **消費者**…外界から有機物を取り入れ，それを利用して生活している従属栄養生物。
  ※消費者のうち，遺骸や排出物を利用するものを**分解者**と呼ぶことがある。
- **生物的環境**…同種・異種の生物からなる環境。
- **非生物的環境**…温度・光・水・大気・土壌などからなる環境。
- **作用**…非生物的環境から生物への働きかけ。
- **環境形成作用**…生物から非生物的環境への働きかけ。

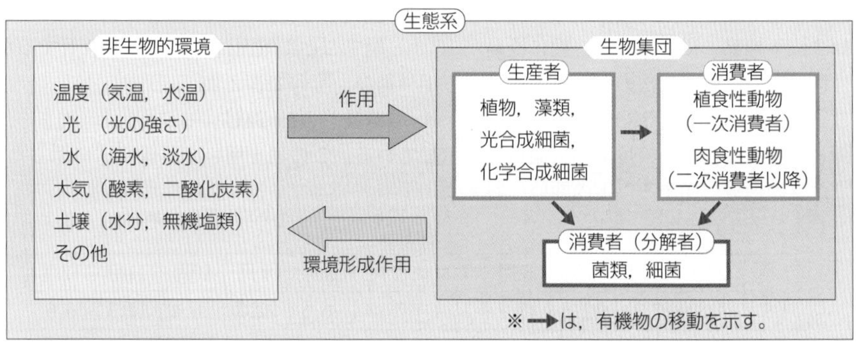

(b) **構成する生物** 種の多様性を含めた，生物にみられる多様性を**生物多様性**という。環境に応じてさまざまな生態系が存在し，生態系ごとに種の多様性は異なる。

(c) **さまざまな生態系**

- **水界生態系** 海洋や湖沼などの水界では，植物プランクトンや藻類などが生産者となり，魚類やエビのなかま，貝類，動物プランクトンなどが消費者として生息する。生産者が生育できる強さの光が届く下限の深さでは，1日当たりの光合成と呼吸の量がほぼ一致しており，これを**補償深度**という。

植物プランクトン…水中を浮遊して生活し，光合成を行う生物で，生育には**栄養塩類**を必要とする。栄養塩類は核酸やタンパク質，クロロフィルの合成に関係する。

動物プランクトン…水中を浮遊して生活し，光合成を行わない生物。

海洋生態系…沿岸域では，植物プランクトンや大型の藻類が主な生産者となる。

湖沼生態系…栄養塩類の濃度，光の強さなどが異なると，生育する水生植物が異なる。
例：抽水植物(ヨシ)，浮葉植物(ヒシ)，沈水植物(クロモ)など

・**陸上と水界のつながり**　森林の有機物や栄養塩類が川や海に流入し，植物プランクトンや藻類はこれらを利用し生育する。生産者が生育することで上位の栄養段階に属する生物種も豊かになる。逆に，川を遡上した魚を森林に生息する動物が捕食する場合もある。このように陸上と水界は物質循環において緊密に関わりあっている。

・**人間生活と関わりの深い生態系**

農村の生態系…人間の手が加えられた水田，畑，ため池などの多様な環境がある。定期的な伐採により維持されている雑木林は，多くの野生動物に食物や営巣場所を供給する。このような環境が存在する一帯は**里山**と呼ばれる。

都市の生態系…人間生活との関わりが深いもの（廃棄物や建築物）を利用できる種が多くみられる。

❷生態系における生物どうしの関わり

(a)　食物連鎖と食物網

・**食物連鎖**…生態系の生物における，被食者と捕食者の連続的なつながり。生物の遺骸などからはじまる食物連鎖は，特に**腐食連鎖**と呼ばれる。

・**栄養段階**…生態系を構成する生物を，栄養分の取り方によって段階的に分けた各段階。食物連鎖の起点から順に，生産者，一次消費者，二次消費者などに分けられる。

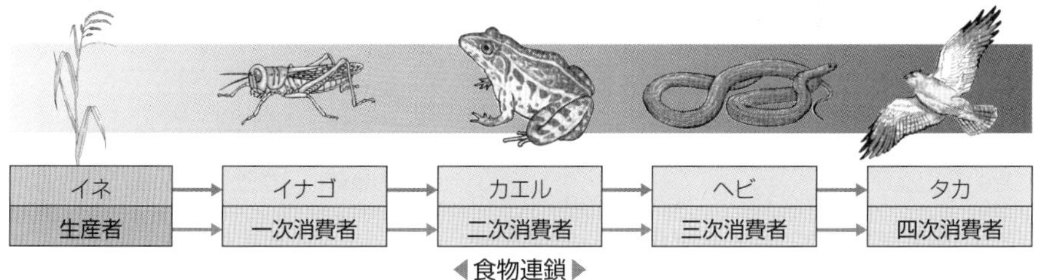

◀食物連鎖▶

自然界にはきわめて多くの種類の生物が生息しており，それぞれの動物が食物とする生物は1種類とは限らない。実際の生態系では，食物連鎖は直線的なつながりではなく，複雑な網目状の関係になっている。このようなつながりを**食物網**という。

(b)　種の多様性と生物間の関係性

右図のような食物網の生態系でヒトデを除去し続けた結果，イガイが増殖し岩場を独占した。生態系で食物網の上位にあって他の生物の生活に影響を与える種を**キーストーン種**という。キーストーン種の消失は他の種の**絶滅**をもたらす場合もある。

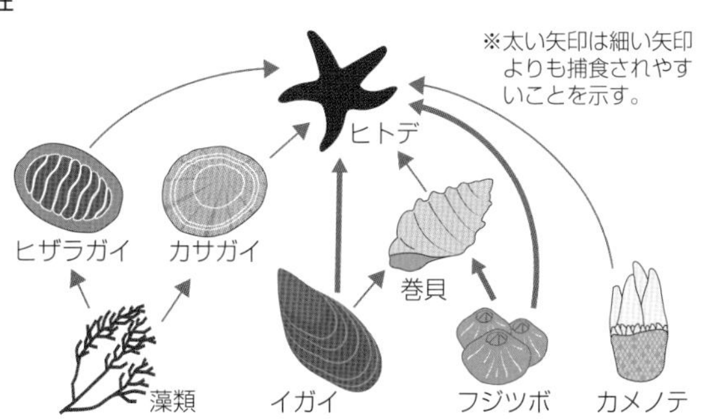

・**間接効果**…2種の生物間にみられる捕食－被食のような関係が，その2種以外の生物に影響を及ぼすこと。

第5章　生態系とその保全

2 生態系のバランス

❶生態系のバランスと撹乱

生活排水には多くの有機物が含まれており，汚濁物質として河川や湖沼などの生態系を撹乱する。しかし，その程度が小さければ元の状態に戻る。これを生態系の復元力(レジリエンス)という。

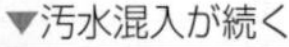

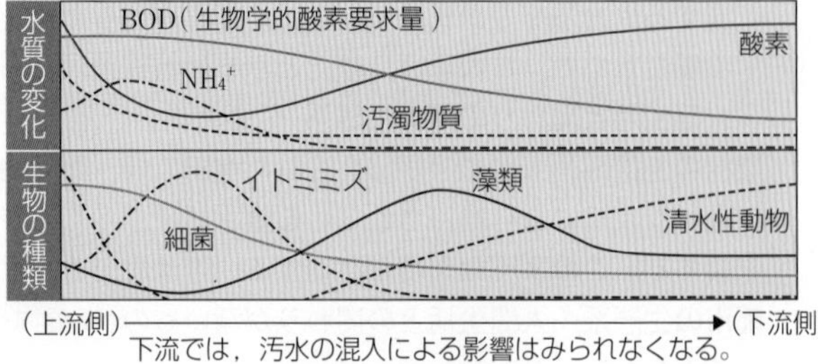

◀河川の自然浄化▶

BOD(生物学的酸素要求量)…微生物が水中の有機物を分解する際に消費する酸素量。
COD(化学的酸素要求量)…酸化剤が水中の有機物と反応する際に消費する酸素量
※BOD，COD ともに数値が大きければ汚染の度合いが大きいことを示す。

- 自然浄化…河川などに流入した汚濁物質は，泥や岩などへの吸着や沈殿，多量の水による希釈，生物の働きなどによって減少していく。この作用を自然浄化という。
- 生物濃縮…生物に取り込まれた物質が，体内で高濃度に蓄積される現象を生物濃縮という。有機水銀，PCB，DDT など分解・排出されにくい物質は食物連鎖を通してしだいに濃縮されて高濃度に蓄積する。マイクロプラスチックはこれらの物質を吸着する性質があるため，これを介した生物濃縮が今後問題になる可能性がある。

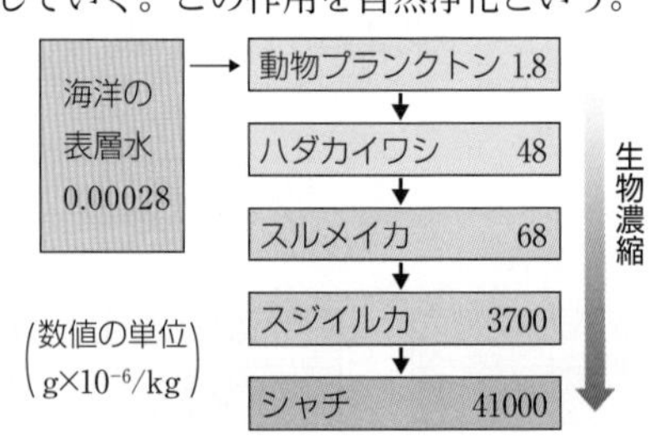

◀PCBの生物濃縮▶

❷撹乱の大きさと生態系への影響

生態系の復元力を超えるような撹乱が起こると，生態系のバランスが崩れ，元に戻らないことがある。

- 富栄養化…湖沼や海で栄養塩類が蓄積して濃度が高くなる現象。湿性遷移の過程でもみられる。**赤潮**や**アオコ**などの発生につながることがある。赤潮やアオコの原因となるプランクトンは，毒素を放出したり，えらに付着したりして魚介類に害を与える。また，透明度の低下による沈水植物の減少，プランクトンの死骸の分解に伴う溶存酸素濃度の低下などをもたらす。

3 生態系の保全

❶人間活動による地球環境の変化

二酸化炭素やメタン，フロン類などの**温室効果ガス**は，地表から放出される熱エネルギーを吸収し，再び放出する。その一部が地表に戻ることで地表や大気の温度を上昇させる。このような現象を**温室効果**という。

地球全体の平均気温は徐々に上昇しており，二酸化炭素などの温室効果ガスの増加が原因であると考えられている。
生物への影響の例：サンゴはある種の藻類と共生しており，海水温が上昇するとその藻類がサンゴから減少する。藻類を失ったサンゴは生息に必要な栄養分を得られなくなるために死滅する。

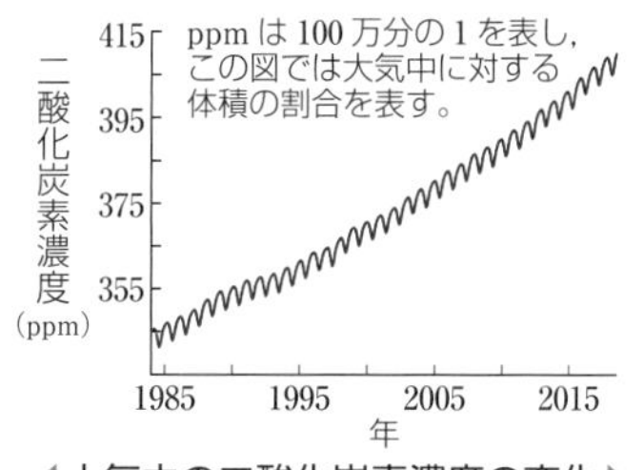

◀大気中の二酸化炭素濃度の変化▶

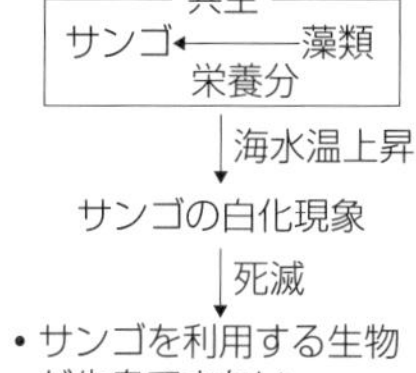

❷人間による生物や物質の持ち込み

- **外来生物**…人間活動によって本来の生息場所から別の場所に持ち込まれ，その場所にすみ着いた生物を外来生物という。移入先で生態系や人間生活に大きな影響を与える，または，そのおそれのある外来生物は**侵略的外来生物**とよばれる。

❸開発による生息地の変化

開発により道路やダムがつくられ，生息地が消失，分断されると，生物の多様性が失われることにつながる。道路上に小動物用の橋をかける，ダムを越えて魚が移動できるよう魚道を設置するなどの対策をとることができる。

- **環境アセスメント**…開発を行う際には，環境に及ぼす影響を事前に調査・予測・評価し，環境への適正な配慮が義務づけられている。

❹絶滅危惧種とその保護

- **絶滅危惧種**…生息環境の変化，外来生物の移入，人間による乱獲などにより個体数が減少し続け絶滅のおそれのある生物を絶滅危惧種という。
  例：ライチョウ，ニホンウナギ，ゲンゴロウ，レブンアツモリソウなど
- **レッドデータブック**…絶滅のおそれがある生物について，その危険性の程度を判定して分類したものを**レッドリスト**という。レッドリストにもとづいて，危険性の高さや分布，生息状況などを具体的に記載したものはレッドデータブックと呼ばれる。

❺生態系サービス

基盤サービス，供給サービス，調節サービス，文化的サービスなど，私たちが生態系から受ける恩恵を**生態系サービス**という。

基盤サービス	土壌形成や光合成による酸素の供給，物質循環など，生物の生存基盤の提供。
供給サービス	水や食料，木材など，ヒトの暮らしを支える物質の提供。
調節サービス	水質浄化など，ヒトが暮らすのに適した環境の提供。
文化的サービス	海水浴や森林浴など，文化や活動の根源となる環境の提供。

❻持続可能な開発目標(SDGs)

持続可能な世界を実現するために設けられた17の目標。2015年に国連総会で採択された行動計画に記載されている，2030年までの国際目標である。

プロセス　*Process*

□ **1**　生態系の構造について，次の文中の(　　　)内に適切な語を答えよ。

ある生物にとっての環境は，温度・光・水などの(　1　)と，同種・異種の生物からなる(　2　)に分けることができる。植物や藻類のように，無機物から有機物をつくる生物を(　3　)といい，(　3　)のつくった有機物を直接または間接的に利用している生物を(　4　)という。また，(　4　)は，有機物を無機物に分解する過程に関わることから(　5　)と呼ばれることがある。このように，物質循環や生物どうしの関係性をふまえて1つの機能的なまとまりとしてとらえたものを(　6　)という。

□ **2**　生物どうしの関わりについて，次の文章の(　　　)内に適当な語を記入せよ。

被食者と捕食者は連続的につながっており，このつながりを(　1　)というが，実際の生態系では複雑な網目状の関係になっていて，このようなつながりを(　2　)という。生態系を構成する生物は，生産者，一次消費者，二次消費者などに分けられる。このように，栄養分の摂り方によって生物を分けるとき，これを(　3　)という。

□ **3**　右図はある生態系の食物連鎖を示している。これについて以下の問いに答えよ。

(1)　ラッコとケルプには直接的な関係はないが，ラッコがウニを捕食することによってケルプの食害を抑制している。このような影響を何というか。

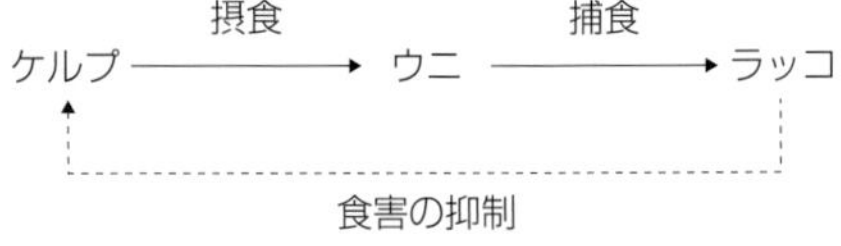

(2)　このラッコのように，食物網の上位にあり他の生物に影響を与える種を何というか。

□ **4**　右図は，河川に汚水が流入し自然浄化されるようすを示している。グラフ中の①～③に当てはまる生物を(a)～(c)から選べ。

(a)　藻類　　(b)　細菌

(c)　清水性動物

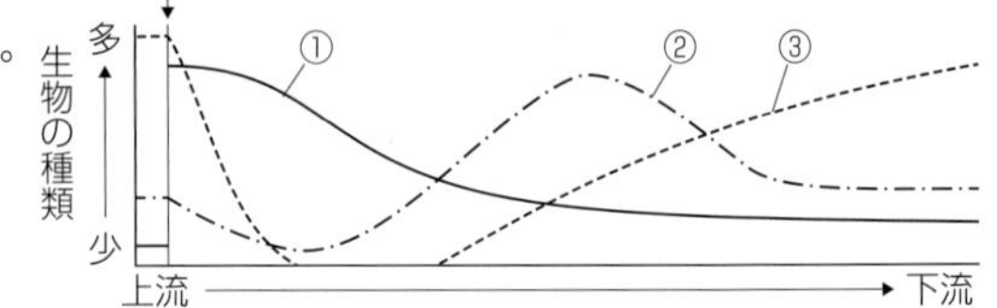

□ **5**　生態系に関する次の各問いに答えよ。

(1)　大気中の二酸化炭素，メタンなどが地表から放出される熱エネルギーを吸収し，その熱の一部が地表に戻って，地表や大気の温度を上昇させる働きを何というか。

(2)　人間の活動によって，本来の生息場所から他の生息場所へ持ち込まれ，その場所にすみついている生物を何というか。

(3)　生息環境の破壊や生態系の撹乱などにより，絶滅のおそれのある生物を何というか。

(4)　生物に取り込まれた物質が，体内で高濃度に蓄積される現象を何というか。

(5)　水や食料，木材など私たちが生態系から受ける恩恵を総称して何というか。

Answer

1 1…非生物的環境　2…生物的環境　3…生産者　4…消費者　5…分解者　6…生態系　**2** 1…食物連鎖　2…食物網　3…栄養段階　**3** (1)間接効果　(2)キーストーン種　**4** ①…(b)　②…(a)　③…(c)
5 (1)温室効果　(2)外来生物　(3)絶滅危惧種　(4)生物濃縮　(5)生態系サービス

基本例題17 補償深度

➡基本問題 101

右図は，ある水界生態系での生産者の光合成量と呼吸量を示したものである。

(1) 図中のアは光合成量，または呼吸量のどちらを示しているか。

(2) 相対照度は水深が深くなると減少するため，ある深さを超えると生産者は生育できない。この水界生態系ではその深さは何mと考えられるか。

(3) (2)の深さを何というか。

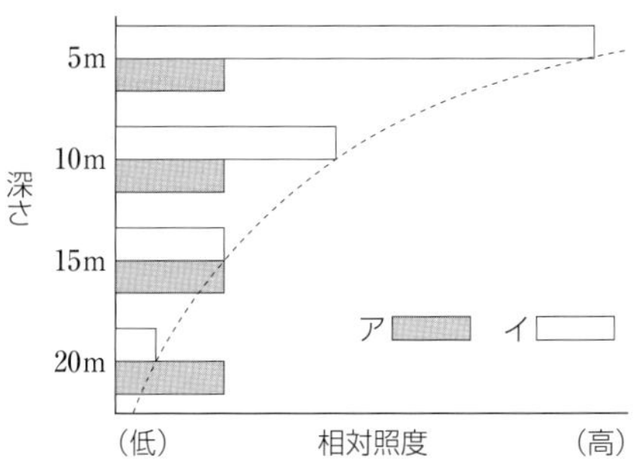

考え方 (1)相対照度が高ければ十分に光合成を行えるが，水深が深くなるにつれて照度が低下し光合成量も低下する。生命活動を行うためには呼吸によってエネルギーを得る必要があり,これは照度の影響を受けない。(2)光合成量が呼吸量を下回ると生育できないため，呼吸量と光合成量が釣り合っている深度が生育の限界の深度と考えられる。

解答
(1)呼吸量
(2)15m
(3)補償深度

基本例題18 自然浄化

➡基本問題 105

図は，汚水が河川に流入したときにみられる水中に含まれる物質の濃度の変化と生物相の変化を示したものである。

(1) 図中の①～③に当てはまる物質を，次のa～cから選べ。

a．NH_4^+　b．汚濁物質　c．酸素

(2) 次のア～エの文のうち，正しいものを1つ選べ。

ア．⑤は細菌で，④は清水性動物である。

イ．①の一時的な減少は，有機物の分解で消費されたためである。

ウ．図中の▲の地点でみられる藻類の増加は，捕食者の減少によるものである。

エ．図中の△より下流での藻類の減少は，水の透明度の低下によるものである。

(3) 図のように生物などの働きによって汚濁物質が減少していく作用を何というか。

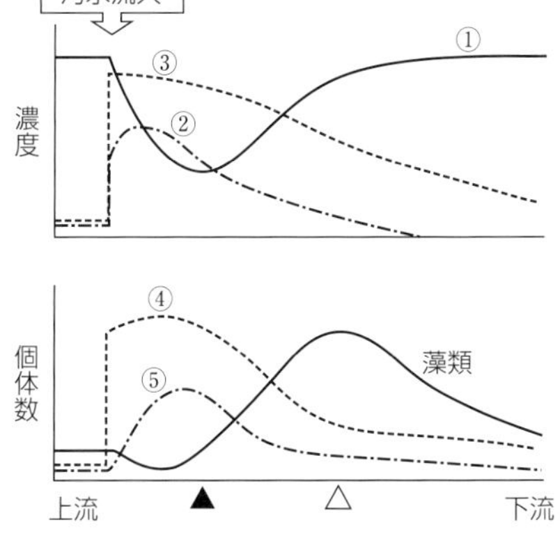

考え方 (1)(2)汚水には，有機物が多く含まれている。その有機物を分解する細菌が増殖すると酸素が消費される。有機物は分解されるとNH_4^+を生じる。NH_4^+は，栄養塩類として生産者に吸収され，アミノ酸などをつくる材料になる。栄養塩類が増加すると，生産者である藻類が増殖するため酸素が増加する。栄養塩類が減少すると藻類も減少する。

解答
(1)①c　②a
③b　(2)イ
(3)自然浄化

例題
解説動画

基本例題19　食物連鎖・キーストーン種

➡基本問題 102，103，104

右図は，シャチが最高次の捕食者である生態系の食物連鎖の関係を単純化したモデルである。

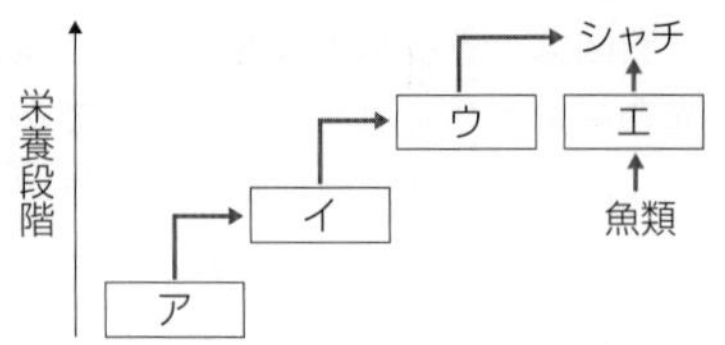

(1)　図中のア～エには，ウニ，アザラシ，ラッコ，ジャイアントケルプのいずれかが当てはまる。それぞれに入る生物名を答えよ。

(2)　シャチがこの生態系からいなくなった場合に予想される，魚類とジャイアントケルプの個体数の変化について述べた下の文の空欄に，「増加」もしくは「減少」を当てはめ，正しい記述を完成させよ。

「魚類の個体数は(　1　)し，ジャイアントケルプの個体数は(　2　)する。」

考え方　(1)ジャイアントケルプが生産者であり，それをウニが捕食する。最高次の捕食者であるシャチはアザラシとラッコを捕食する。(2)シャチがこの生態系からいなくなると，アザラシとラッコが捕食を免れ，個体数が増加する。増加したアザラシは魚類を多く捕食し，魚類は減少する。同様に増加したラッコはウニを多く捕食し，ウニの個体数は減少する。ジャイアントケルプはウニからの摂食が減って，個体数は増加する。

解答
(1)ア…ジャイアントケルプ　イ…ウニ　ウ…ラッコ　エ…アザラシ　(2)1…減少　2…増加

基本例題20　温室効果

➡基本問題 106

図は北半球のある地点での二酸化炭素濃度の経年変化を示したものである。

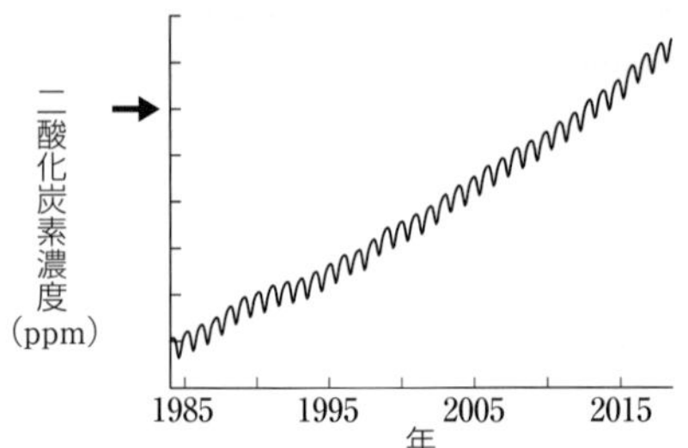

(1)　図中の→に当てはまる数値として最も適当なものを選べ。

4　　40　　400　　4000

(2)　二酸化炭素濃度は，1年間でみると周期的に変動している。この理由として最も適切なものを1つ選べ。

①　季節によって化石燃料の消費量に増減があるから。
②　気温が高い季節は動物の呼吸量が増加するから。
③　日射量が十分な季節は植物の光合成量が増加するから。

(3)　地球温暖化の影響として正しいものを1つ選べ。

①　海水が膨張して，海面が上昇する。
②　北極海の氷が溶けて，海面が上昇する。
③　二酸化炭素が海水に溶けて，海面が上昇する。

考え方　(2)夏は光合成が盛んになるため，二酸化炭素濃度は低下する。(3)海に浮いている氷は，溶けても海面上昇には影響を及ぼさない。

解答　(1)400　(2)③　(3)①

基本問題

知識
☐**100. 生態系の構造** ●次の文章を読み，下の各問いに答えよ。

ある生物にとっての環境は，光・温度・水・大気・土壌などの（ 1 ）と，同種・異種の生物からなる（ 2 ）に分けられる。（ 1 ）が（ 2 ）に影響を与えることを作用といい，逆に，（ 2 ）から（ 1 ）に影響を与えることを（ 3 ）という。（ 2 ）は，無機物から有機物を合成する（ 4 ），（ 4 ）がつくった有機物を直接あるいは間接的に摂取する（ 5 ）から成り立っている。（ 5 ）のうち，遺骸や排出物を利用するものは，（ 6 ）と呼ばれることがある。

問1．文中の空欄に適当な語を入れよ。

問2．下線部の例として適当なものを2つ選べ。

ア．高木層の樹木が林冠で葉を展開することにより，林床の照度が低下する。

イ．気温の低下により，落葉広葉樹の葉が色づき，やがて落葉する。

ウ．日照不足により，野菜の収量が低下する。

エ．海鳥が特定の場所で排泄物を落とすことで，その土地の栄養塩類が増加する。

オ．夜間の常緑広葉樹林の1m上空の二酸化炭素濃度は，10m上空よりも高い。

知識
☐**101. 陸上生態系と水界生態系** ●次の文章を読み，下の各問いに答えよ。

水界では，植物プランクトンや水生植物，藻類などが生産者となるが，a 補償深度よりも深い場所では生育できない。そのため，沿岸域では大型の藻類などがみられるが，外洋域では（ 1 ）が主な生産者となる。一方，陸上生態系では（ 2 ）が主な生産者となり，昆虫や鳥類，哺乳類などさまざまな動物が消費者となる。これらの生態系はそれぞれ独立しているのではなく，森林に生息する哺乳類が川の魚を捕食するなど b 緊密に関わりあっている。

問1．文中の空欄1，2に適当な語を入れよ。

問2．下線部aの補償深度とは何か簡潔に説明せよ。

問3．陸上生態系と水界生態系の間にみられる下線部bの例として，誤っているものを1つ選べ。

ア．落葉が雨に流されて川に流入する。

イ．アユが岩場についた藻類を摂食する。

ウ．ウミネコがイワシを捕ってきてヒナに与える。

エ．産卵のために遡上してきたサケをクマが食べる。

知識
☐**102. 食物連鎖** ●次の文章の空欄に当てはまる語を答えよ。

生態系を構成する生物間には，食う－食われるの関係が連なって存在する。これを（ 1 ）と呼び，食うものを（ 2 ），食われるものを（ 3 ）と呼ぶ。実際の生態系では，（ 1 ）は直線的なつながりではなく，複雑な網目状の関係になっている。このようなつながりを（ 4 ）という。

思考

☐103. キーストーン種

●次の実験に関する以下の問いに答えよ。

図のような食物網が成立している海岸の岩場において，実験区と対照区を設け，実験区のみで１年以上ヒトデを除去し続けた。その後，各区画における種構成の変化を調査した。

その結果，対照区では生態系に特に変化はみられなかった。一方，実験区では，最終的にフジツボ，ヒザラガイ，カサガイ，藻類がみられなくなり，イガイが著しく増殖して岩場を占有した。

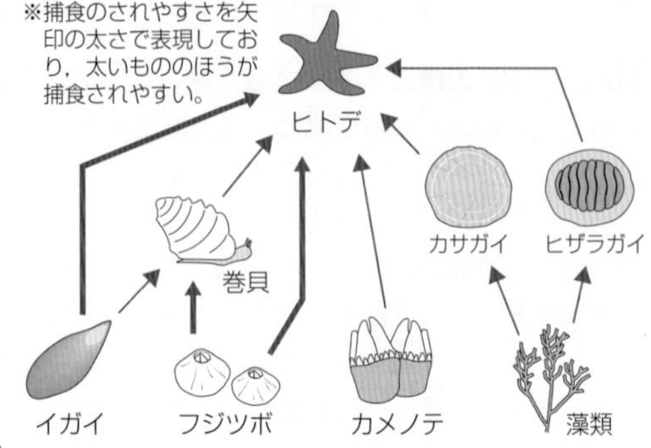

問１．この調査結果から考えられることとして正しいものを下から１つ選べ。

ア．ヒザラガイとイガイの間には，生活場所をめぐる直接的な競争関係がある。

イ．イガイはヒトデによる捕食の影響で増殖が抑制されていた。

ウ．この生態系にはイガイを好んで捕食する魚類が豊富である。

エ．イガイは増殖したが，藻類が付着するスペースも残されている。

オ．イガイとフジツボの増殖する速さは同程度である。

問２．キーストーン種について簡潔に説明せよ。

思考　論述

☐104. 間接効果

●アリューシャン列島近海には，図のような食物連鎖がみられる。この生態系からラッコがいなくなった場合，ケルプの個体数はどのように変化すると考えられるか。理由を含めて70字以内で答えよ。

ケルプ(海藻) —摂食→ ウニ —捕食→ ラッコ

知識

☐105. 自然浄化

●次の文章は，生活排水が流入した河川の浄化作用について述べたものである。空欄に当てはまる最も適切な語を下のア～ケから選び，記号で答えよ。

生活排水には(　1　)が多く含まれており，これが河川に流入すると，この(　1　)を分解する(　2　)が増殖し，分解に必要な(　3　)が多量に消費される。有機物の分解によって栄養塩類が増加し，これを(　4　)が吸収して増殖する。その結果，光合成が盛んに行われて溶存(　3　)が増加する。こうして下流に行くに従って水質は改善される。このような微生物による働きや，多量の水による希釈，泥や岩などへの吸着，沈殿などによって汚濁物質が減少することを(　5　)という。このように撹乱を受けても，程度が小さければ元の状態に戻る。これを生態系の(　6　)という。しかし，流入する生活排水の量が(　6　)を上回ると水が(　7　)し，プランクトンの大量発生によって，水表面が赤褐色になる(　8　)や，青緑色になる(　9　)が発生し，魚介類の死滅や悪臭の原因となる。

ア．自然浄化　　イ．有機物　　ウ．藻類　　エ．細菌　　オ．富栄養化
カ．アオコ　　キ．酸素　　ク．赤潮　　ケ．復元力

知識

☐106. 地球温暖化

地球温暖化に関する次の文章を読んで，下の各問いに答えよ。

二酸化炭素は地表から放射される(　1　)を吸収し再び放出する性質があるため，地表や大気の温度を上昇させる。これを(　2　)という。また，このような性質をもつ気体を(　2　)ガスという。産業革命以来，人類が(　3　)を大量に消費していることが主な原因となり，大気中の二酸化炭素がふえ，年々気温が上昇している。これを(　4　)という。

問1．文章中の空欄に適する語を入れよ。

問2．次の特徴をもつ(　2　)ガスの名称をそれぞれ答えよ。

① 過去にスプレー缶の噴霧剤や冷蔵庫の冷媒として使用され，オゾン層を破壊する。

② 発生源として家畜，水田，汚泥や糞尿処理場があげられる。

問3．2015年に国連総会で採択され，気候変動の影響を軽減するための緊急対策を講じることを含め持続可能な世界を実現するための国際目標を何というか。

知識

☐107. 外来生物

次の文章を読んで，下の各問いに答えよ。

日本では，外来生物による在来種への影響を解決するため，(　1　)が制定されている。この法律では，特に在来種に与える影響が大きいものを(　2　)に指定し，その取扱いを規制している。また移入先で，生態系や人間生活に大きな影響を与える，もしくはそのおそれのある外来生物は，特に(　3　)と呼ばれる。

問1．文章中の空欄に適する語を入れよ。

問2．次のア～オの文のうち，誤っているものを1つ選べ。

ア．国外から移入された生物のことを外来生物という。

イ．他の動物を捕食しない一次消費者に該当する外来生物もいる。

ウ．外来生物が定着し，在来種とともに新たな生態系をつくる場合もある。

エ．人間が意図せずに持ち込んだ外来生物もいる。

オ．日本国内で問題となっている外来生物は，動物だけでなく植物も含まれる。

知識　計算

☐108. 生物濃縮

次の文を読み，下の各問いに答えよ。

生物に取り込まれた物質が体内に蓄積され，まわりの環境より高い濃度になることがある。このような現象を(　ア　)という。(　ア　)される物質は，(　イ　)を通じて高次消費者でより高い濃度で蓄積される。

問1．空欄ア，イに当てはまる語句を答えよ。

問2．(　ア　)が起こる物質の特徴として適するものを2つ選べ。

① 水に溶けやすい　② 脂肪に蓄積されやすい　③ 毒性が高い

④ 自然界で分解されやすい　⑤ 自然界で分解されにくい

問3．DDTが水中に溶け込んだある生態系で，ここに生息する1kgのプランクトンに100mgのDDTが蓄積していた。ここで，プランクトン30kgが300匹の小魚に捕食され，300匹の小魚が1kgの大型の魚に捕食される場合，大型の魚1kgに蓄積されるDDTは何mgか。ただし，小魚と大型の魚の両方について，取り込まれたDDTの80%が体内に蓄積されるものとする。

知識

☐**109. 生態系の保全** ●次のA～Cの文章は生態系の保全に関するものである。文章を読んで，下の各問いに答えよ。

A．雑木林はコナラやクヌギなどの落葉(　1　)からなり，定期的に伐採されることで維持され，多くの野生生物に豊富な食物や営巣場所を提供する。雑木林や水田，ため池などが広がる一帯を(　2　)という。

B．日本では道路やダム建設など開発を行う際には，それが環境に及ぼす影響を事前に調査，予測，評価し，環境への配慮がなされるようにする(　3　)の実施が義務づけられている。

C．絶滅のおそれのある生物を(　4　)といい，さまざまな人間活動によってその数は増加している。このような絶滅のおそれのある生物について，その危険性の程度を判定して分類したものは，(　5　)と呼ばれる。また，分布や生息状況，絶滅の危険度などをより具体的に記載したものは，(　6　)と呼ばれる。

問1．空欄に当てはまる語句を答えよ。

問2．(　2　)は人間の手入れがないと変化してしまう。その理由として適切なものを下のア～オから1つ選べ。

ア．ここに生育する植物は，本来自然界には生育しないものであるから。
イ．土壌の栄養分が豊富であるから。
ウ．この生態系では，食物連鎖の関係が成立していないから。
エ．人間が手を入れることで遷移が進まないようにしているから。
オ．農作物として栽培している植物がふえすぎてしまうから。

問3．日本での(　4　)の例として正しくないものを1つ選べ。

ア．ニホンウナギ　　イ．コウノトリ　　ウ．イヌワシ　　エ．アライグマ

知識

☐**110. 生態系サービス** ●次の文章を読んで，下の各問いに答えよ。

生物多様性の高い生態系を維持しなければいけない理由は何だろうか。1つの考え方として，生物多様性そのものに価値と尊厳があり，それらは冒されるべきものではないというものがある。この他に，人間中心の考え方もある。その例として，「生物多様性が高い生態系ほど，復元力や安定性が高く，$_A$<u>生態系から受ける恩恵</u>も豊かになる。したがって，この恩恵を受け続けるためにはこれを維持していく必要がある」ということがあげられる。

問1．下線部Aのことを何というか。

問2．下線部Aは下に示す4つに分類することができる。それぞれの名称を答えよ。

①　生命への生存基盤の提供　　②　人の暮らしを支える物質などの提供
③　人が暮らすのに適した環境の提供　　④　文化や活動の根源となる環境の提供

問3．問2の①～④の恩恵の具体例として適するものを，ア～エのなかから1つずつ選べ。

ア．森林を伐採した山と比べて，植生が豊かな山は土砂崩れが起こりにくい。
イ．土壌中の新種の細菌から，治療に有効な抗寄生虫薬を発見した。
ウ．都市部を離れて，自然豊かな環境で仕事に取り組んだり，リフレッシュしたりする。
エ．光合成の働きにより，酸素を放出する。

思考例題 ⑦ 間接効果を整理する

課題

下の図は，ある海域に生息する生物の関係を示したものである。図の空欄①～④には，ウニ，アザラシ，ラッコ，ジャイアントケルプのいずれかが当てはまる。

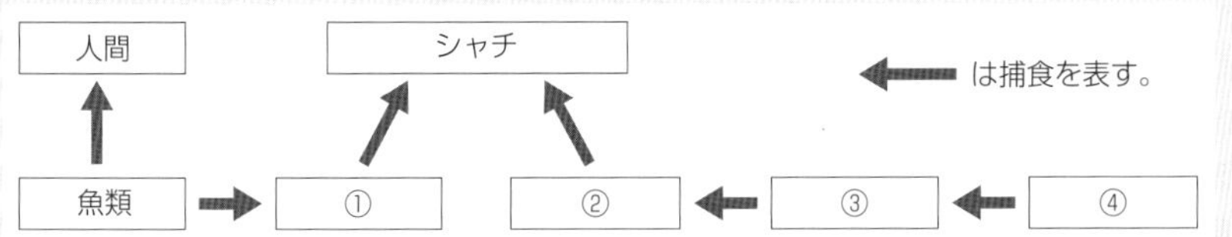

図を参考にして，人間の漁業活動が縮小した場合，この海域における生態系全体に及ぶ影響を述べよ。 (20．玉川大改題)

指針 食物連鎖のつながりから，特定の生物が増加または減少したとき，その生物と直接関係する生物が増加もしくは減少するかを考え，他の生物も同様に考えていく。

次の Step 1 ～ 4 は，課題を解く手順の例である。空欄を埋めてその手順を確認せよ。

Step 1 ①～④に当てはまる生物を検討する

生産者である（ 1 ）が，食物連鎖の起点である④となる。（ 2 ）は海底で生活し，（ 1 ）を摂食することから③，（ 3 ）は二枚貝や（ 2 ）を捕食するので②となる。したがって，①は（ 4 ）となる。

Step 2 漁業による魚類や①への影響を考える

人間による漁業活動が縮小すると，魚類の個体数が（ 5 ）し，魚類を捕食する①が（ 6 ）すると考えられる。

Step 3 シャチの捕食行動について考察する

シャチが①，②を捕食する際に，好みがなく，見つけてから捕らえるまでの労力に差がないとすると，捕食のされやすさは，発見されやすさによると考えられる。そのため，個体数がふえて発見されやすくなった（ 7 ）が多く捕食されるようになると考えられる。その結果，（ 8 ）がシャチに捕食される確率が下がり，その個体数が増加する。

Step 4 他の生物について影響を考察する

この海域における生物の関係から，二次消費者である②が増加すれば，一次消費者は（ 9 ）し，生産者は（ 10 ）すると予想される。

Stepの解答 1…ジャイアントケルプ　2…ウニ　3…ラッコ　4…アザラシ　5…増加　6…増加　7…アザラシ　8…ラッコ　9…減少　10…増加

課題の解答 人間の漁業活動が縮小すると，魚類の個体数は増加する。魚類が増加するとそれを捕食するアザラシが増加する。シャチはアザラシとラッコを捕食するが，個体数が増加して発見しやすくなったアザラシを多く捕食するようになると考えられる。そのため，捕食される量が減少したラッコの個体数は増加して，ウニの個体数が減少する。その結果，ジャイアントケルプは増加する。

例題
解説動画

発展例題5　生態系における生物どうしの関わり

➡発展問題 111

サンゴ礁の生態系において，サンゴと海藻は，ともにその成長に光を必要とするため光をめぐって競争関係にあるとともに，それぞれの定着や成長のために海底近くの空間をめぐる競争関係にもある。造礁サンゴが海底面に占める割合の高いサンゴ礁では，海藻類を摂食する魚類の種多様性が高く，魚類全体の個体数も多い。しかし，[1]さまざまな要因で造礁サンゴがおおう面積が小さくなった結果，海藻がおおう面積が大きくなっているようなサンゴ礁も多く，世界中で大きな環境問題となっている。[2]サンゴ礁における造礁サンゴ・海藻・藻類食性魚類およびヒトの間の相互関係は図のように模式化できる。ただし，この図における海藻は，造礁サンゴと共生する藻類(褐虫藻)とは異なることに注意すること。

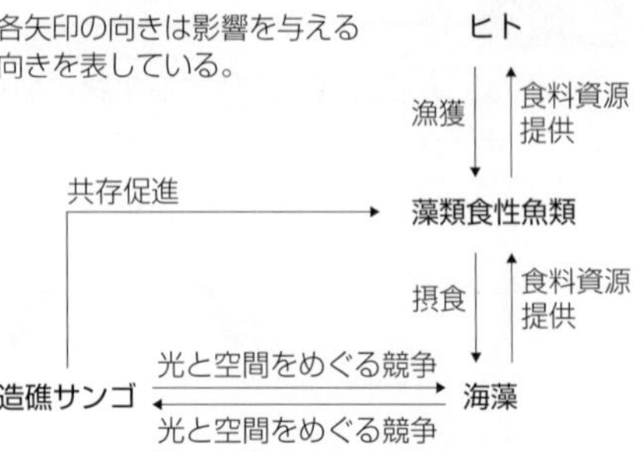

図　サンゴ礁における相互関係

問1．下線部1について，造礁サンゴの被度に負の影響を及ぼす主な要因を1つあげ，それがどのように影響を及ぼすのかを説明せよ。ただし，ヒトによる魚類の過度の漁獲(乱獲)以外の要因をあげること。

問2．下線部2について，ヒトと造礁サンゴの間のように，直接的には食う食われるの関係にない種間でみられる影響のことを一般に何というか。

問3．ヒトによる藻類食性の魚類への乱獲が造礁サンゴに影響を及ぼす理由を，図の相互関係から説明せよ。　(20．龍谷大改題)

解答

問1．要因：海水温の上昇
　　影響：海水温が上昇するとサンゴに共生している褐虫藻がいなくなり，サンゴは褐虫藻から光合成でつくられた有機物を受け取ることができなくなる。

問2．間接効果

問3．藻類食性魚類の個体数が減少することで海藻が繁茂して海底に光が届きにくくなる。このため，造礁サンゴの生育に不利になるよう，環境が変化するから。

解説

サンゴのうち，サンゴ礁の形成に関わるものを造礁サンゴと呼ぶ。

問1．他の要因として，海中の二酸化炭素濃度の上昇による海洋酸性化や，オニヒトデなどの捕食者の増加も考えられる。

問2．藻類食性魚類が海藻を食べることによって，造礁サンゴの生育に影響を与えている。これは藻類食性魚類が，造礁サンゴに間接効果を及ぼしているということである。

発展問題

思考 論述

111. 食物連鎖 次の文章を読んで，以下の問いに答えよ。

里山のため池であるＡ池には，さまざまな生物が生息している。水辺で生育する水生植物には，光や水温，溶け込んでいる硝酸塩やリン酸塩のような(　ア　)塩類などの環境に応じて，ヨシのように植物体の一部が水面に出る(　イ　)植物，ヒシのように葉が水面に浮かぶ浮葉植物，クロモのように植物体の全部が水中に沈む沈水植物がある。水中の植物や植物プランクトンは光合成を行うが，一日当たりの総光合成量と呼吸量がほぼ一致している水深を(　ウ　)深度といい，それより浅い層を生産層という。

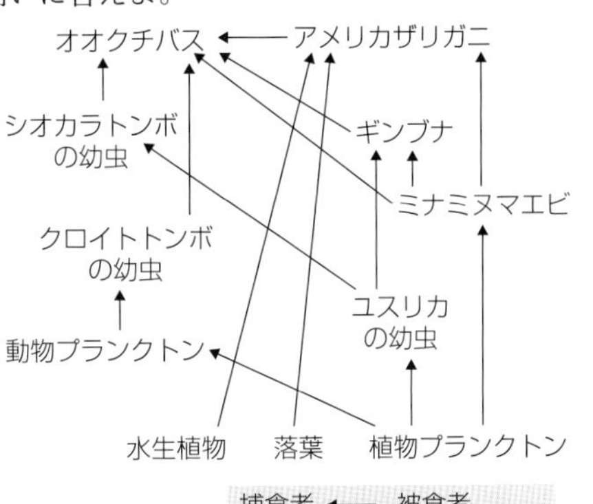

図

Ａ池周辺に生息するトンボ類のなかには，選択的に水生植物を産卵場所として利用している種がいる。たとえば，クロイトトンボは，浮葉植物や沈水植物の組織内に卵を産み付け，ふ化した幼虫は，水草につかまってミジンコ類などの動物プランクトンを食べて成長する。一方，シオカラトンボは，飛翔しながら腹端で水面をたたいて水中に産卵し，ふ化した幼虫は，池の底で主にユスリカの幼虫などの底生動物を食べて成長する。近年，人為的に持ち込まれた外来生物が繁殖して生態系にさまざまな影響を与えているが，Ａ池にはオオクチバスとアメリカザリガニの２種が生息している。オオクチバスは肉食性であり，アメリカザリガニ，ギンブナ，ミナミヌマエビおよびトンボ類の幼虫を食べている。また，雑食性のアメリカザリガニは，ミナミヌマエビのほかにヒシやクロモなどの水生植物および落葉を食べている。

問１．文章中のア～ウに当てはまる語を答えよ。

問２．外来生物法におけるオオクチバスの取扱い原則について，正しいものを１つ選べ。

ア．生きたオオクチバスを保管したり，飼育したりすることができる。

イ．生きたオオクチバスを運搬することができる。

ウ．釣ったオオクチバスをその場で放すこと(キャッチアンドリリース)ができる。

エ．釣ったオオクチバスをその場で殺処理した上で，持ち帰って食べることはできない。

問３．現在Ａ池には，上図のような「捕食－被食関係」があるものとする。この池のすべてのオオクチバスを駆除し，１年後にトンボ類の幼虫の生息密度を調査したところ，駆除前と比較してシオカラトンボは増加したが，クロイトトンボは大きく減少した。クロイトトンボが減少した理由を80字以内で説明せよ。　(17．広島大改題)

ヒント

問３．オオクチバスを駆除すると，アメリカザリガニは捕食者がいなくなり個体数が増加すると考えられる。

思考 論述

☐112. 外来生物 ■次の文章を読んで，以下の問いに答えよ。

生物多様性は20世紀以降急激に減少している。(a)生物多様性を減少させる要因はさまざまであるが，過大な人間活動，過小な人間活動，気候変動や外来生物などが考えられている。生物多様性が失われると，微生物による有機物の分解や森林による洪水の抑制など，人間の生活の質を向上させている(b)自然の恩恵の低下を招くことがわかってきた。

問１．下線部(a)について，(1)過大な人間活動，(2)過大な人間活動と気候変動，(3)過小な人間活動と気候変動が主な原因として生じている問題として最も適当なものを次のア～ウからそれぞれ１つ選べ。

ア．野生のシカが増加することで植生が食べつくされ，植物の多様性が減少している。

イ．トキは明治時代の中ごろに日本から野生絶滅してしまった。

ウ．全陸地面積の約４割は砂漠化の影響を受け，植生や動物の分布が変化している。

問２．下表のA，Bに当てはまる生物を下の生物例から選び，２つずつ記号で答えよ。

ア．タイワンリス　　イ．マングース　　ウ．オオクチバス　　エ．ホテイアオイ

問題の名前	問題の説明	外来生物の例
捕食	その場所に生息する在来の動植物を捕食する。	（ A ）
競争	同じような食物や生息環境をもっている在来の生物から，それらを奪い，駆逐する。	（ B ）

問３．環境省は2000年より奄美大島においてマングースの駆除事業を開始し，2005年より捕獲用のカゴわな等を大幅にふやしている。次の図は，マングース(ドット)と在来種であるアマミトゲネズミ(メッシュ)の捕獲地点の経年調査の結果である。調査においては，捕獲努力量(カゴわなの設置期間，設置数など)は一定で，捕獲地点は変えずに行ったものと仮定した場合，この図から読み取れることを100字以内で答えよ。

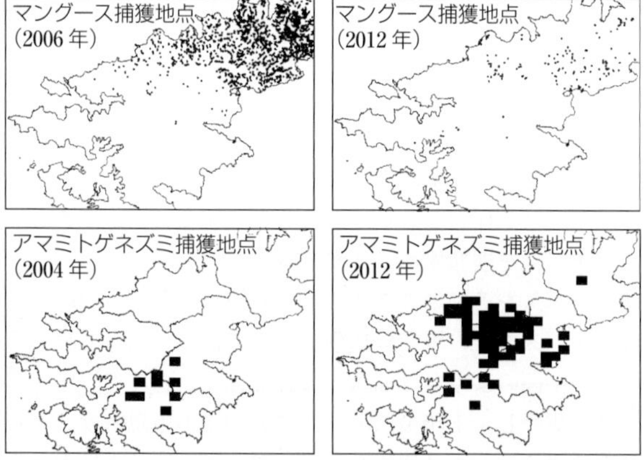

問４．下線部(b)のことは何と呼ばれているか。　（20．三重大改題）

ヒント

問３．マングースとアマミトゲネズミの捕獲地点数やその分布に注目する。

思考 論述

☐**113. 生態系の保全** ■次の文章を読んで，下の各問いに答えよ。

産業革命以降，人間活動は地球規模に拡大し，大気や海・湖沼などへ大きな影響を与えている。たとえば人間は，化石燃料の燃焼などによって，毎年約87億トンもの炭素を二酸化炭素として大気中に放出している。A この二酸化炭素や（　X　）は，温室効果ガスと呼ばれており，これらの増加によって，地球は温暖化していくと考えられている。また人間は，海・湖沼などへ汚水を流入させている。このような汚水の流入量が過大になると，窒素やリンなどの無機物が蓄積して濃度が高くなり，（　1　）という現象が生じる。それによって，プランクトンが異常に増殖し，水面が広く赤褐色になる（　2　）や，青緑色になる（　3　）などが発生する。そのほかにも，人間活動に伴って排出される汚水のなかの物質には，B 生物の体内に入って，周囲の環境や食物に含まれるよりも高濃度で蓄積されるものがある。ヒトを含む動物に重大な影響を及ぼすことがあることから，現在日本やアメリカでは，これらの物質の排出は厳しく規制されている。

問１．文章中の空欄（　1　）～（　3　）に当てはまる語を答えよ。

問２．下線部Aについて以下の各問いに答えよ。

(1)　文章中の空欄（　X　）に当てはまる物質として，最も適切なものを１つ選べ。

ア．硫化水素　　イ．メタン　　ウ．酸素　　エ．窒素　　オ．水素

(2)　温室効果が起こるしくみを，以下の語をすべて用いて，50字程度で説明せよ。

【再放射，地表，熱エネルギー】

(3)　地球の温暖化によって生じることとして，最も適切なものを１つ選べ。

ア．紫外線が増加し，オゾン層が破壊される。

イ．海水温が上昇し，サンゴ礁の生態系のバランスが乱れる。

ウ．高緯度に生育する植物がより低緯度へ分布を拡大する。

エ．日本ではサクラの開花時期が遅くなる。

(4)　図１は，日本のある地点における大気中の二酸化炭素濃度の経年変化を表している。この二酸化炭素濃度が１年ごとに周期的に上下変動する理由を50字程度で説明せよ。

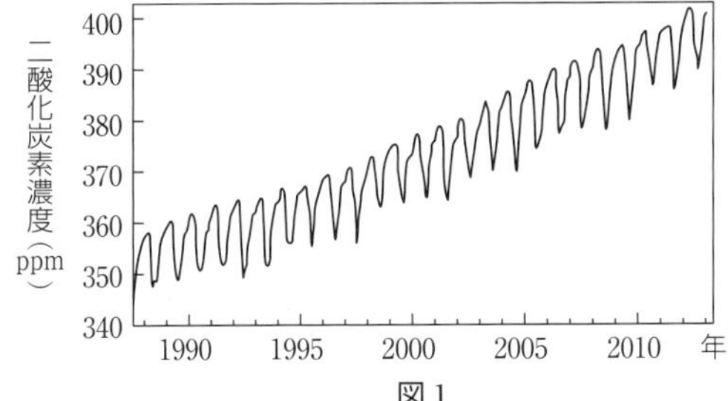

図１

問３．下線部Bについて以下の各問いに答えよ。

(1)　この現象を何と呼ぶか。

(2)　(1)の現象が生じやすい物質の特徴を表すものとして，最も適切なものを１つ選べ。

ア．体内で分解されやすいが，排出されにくい。　　イ．脂肪に蓄積されやすい。

ウ．どの生物も多量に摂取する傾向がある。　　エ．魚介類のえらに付き窒息させる。

オ．微生物による分解過程で多量の酸素が使われる。　（22．京都産業大改題）

ヒント

問２．(4)夏と冬ではどちらが効率よく光合成ができると考えられるか。

第5章 生態系とその保全

思考 実験・観察 論述 作図

114. 遺伝子・DNA 研究の歴史

◆次の文章を読み，下の各問いに答えよ。

遺伝子の本体がタンパク質ではなくDNAであることは，ハーシーとチェイスが，①大腸菌に寄生して増殖するウイルスのバクテリオファージを大腸菌に感染させる実験を行い証明した。その後，ワトソンとクリックがDNAの二重らせん構造モデルを提唱した。DNAの複製については②3つの仮説のうち，メセルソンとスタールによって実験的にその1つが正しいことが証明された。

問1．下線部①に関して，次の文を読み(1)~(3)の問いに答えよ。

この実験では，硫黄(S)の放射性同位体である^{35}Sでタンパク質を標識したバクテリオファージを，大腸菌を含む培養液に添加した。添加2分後に1回目の遠心分離を行い，上澄みを捨てて沈殿を回収した。次に，沈殿に新しい培養液を加えてミキサーで8分間激しく撹拌した後に，2回目の遠心分離を行って得られた上澄みと沈殿の^{35}S標識物の量を測定した。その結果，^{35}S標識物のほとんどが上澄みに見いだされた。一方，DNAをリン(P)の放射性同位体である^{32}Pで標識したバクテリオファージを用いて同じ実験を行ったところ，2回目の遠心分離後には，^{32}P標識物のほとんどが沈殿に見いだされた。どちらのファージを用いた場合も，最終的に得られた沈殿に新しい培養液を加えて懸濁し培養すると，子ファージが産生されることを確認した。

(1) 1回目の遠心分離を行った目的を説明せよ。

(2) ミキサー処理を行わないと2回目の遠心分離で得られる上澄みと沈殿の^{35}S標識物の量はどうなるか，理由とともに答えよ。

(3) この実験から，なぜ遺伝子の本体がDNAだと考えられるのか，その理由を述べよ。

問2．下線部②に関して，以下の仮説1～3のどれが正しいかを調べるために，下記の実験を行った。次の問いに答えよ。

仮説1　保存的複製：複製後の2つのDNAのうち，一方が鋳型となったDNAがそのまま残ったものであり，もう一方は新たに合成されたDNAである。

仮説2　半保存的複製：複製後の2つのDNAは，両方とも，鋳型となったDNAのヌクレオチド鎖1本と新しく合成されたヌクレオチド鎖1本からなる。

仮説3　分散的複製：複製後の2つのDNAは，両方とも，鋳型となったDNAのヌクレオチド鎖の一部と，新しく合成されたヌクレオチド鎖の一部が，モザイク状に混ざり合った鎖2本からなる。

【実験】 1．大腸菌を窒素(^{14}N)の同位体である^{15}Nを含む培地で何代も培養し，窒素のほとんどが^{15}Nに置き換わった大腸菌を得た。

2．この大腸菌を^{14}Nを含む培地に移し，1回分裂後の菌，2回分裂後の菌からそれぞれDNAを抽出し，遠心分離でDNAの密度を調べた。

それぞれの仮説から予想される，遠心分離後のDNAの位置を，^{14}Nを含む培地と^{15}Nを含む培地で培養した大腸菌から得たDNAの位置を参考にして次図に図示せよ。

ただし，分散的複製については，複製時に新しいヌクレオチド鎖が混ざる割合は常に一定とし，鋳型となったDNAのヌクレオチド鎖の5割とする。

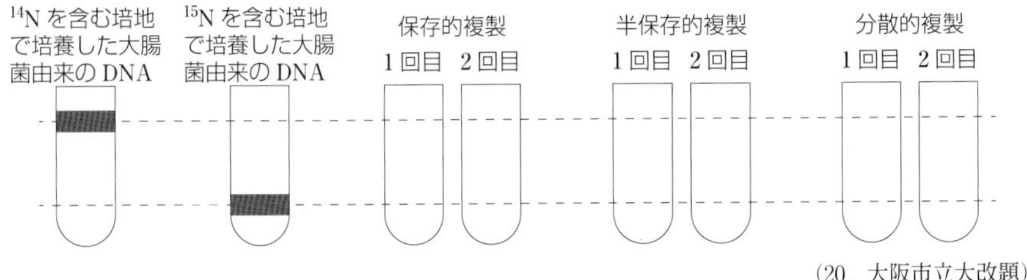

（20．大阪市立大改題）

ヒント

問1．ファージは感染時，大腸菌の表面に付着する。
問2．それぞれの複製様式ごとに，鋳型鎖，新生鎖に含まれるDNAがどうなっているかを考える。

思考

115 ABO式血液型 ◆次の文章を読んで下の各問いに答えよ。

たろう君，じろう君，けんた君，あきら君たちは，ABO式血液型の凝集のしくみや輸血に関する話を聞いたあとで，次のようなことを話した。

たろう君「ぼくは2年前に盲腸の手術を受けた時に，軽い腹膜炎があって輸血を受けたんだ。その時にA型の血液を輸血してもらったから，ぼくはA型だよ。」
じろう君「ぼくもお母さんがA型でお父さんがAB型だから，A型だと思うよ。」
けんた君「ぼくはわからないんだ。」
あきら君「ぼくもわからないんだ。」
けんた君「そうだ，ぼくらの赤血球と血しょうを使って血液型がわからないかな。」
たろう君「やってみようよ。」

そんな会話の後，彼らは採血してもらい赤血球と血しょうを得た。たろう君，じろう君，けんた君，あきら君それぞれの赤血球と血しょうを混ぜたところ，表に示す結果を得た。

		赤血球			
		たろう	じろう	けんた	あきら
血しょう	たろう	−	＋	＋	−
	じろう	＋	−	＋	−
	けんた	−	−	−	−
	あきら	＋	＋	＋	−

赤血球が凝集（＋），凝集せず（−）

問1．たろう君の血液型がA型のとき，実験結果の表からじろう君，けんた君，あきら君の血液型を答えよ。

問2．輸血を行う場合，理論的にはだれからだれへ輸血可能か答えよ。本人から本人への輸血も含めるものとする。

（横浜市立大改題）

ヒント

問2．「理論的には」とあることから，輸血する側の血液に含まれる凝集素は少量であり，無視できると考える。

思考

☐116. 生物の共通性・多様性 ◆生物について，次の文章を読み，下の各問いに答えよ。

地球上にはさまざまな環境があり，そこではいろいろな生物が生命活動を営んでいる。地球上の生物を同じような特徴をもった個体の集団で分けてみると，現在，確認されている生物の（　ア　）の数は190万ほどになる。未だに知られていないものも数多く存在していて，毎年，新しい生物が発見され続けている。これらの生物は，基本的には同じ（　ア　）の子孫を残すことができ，それぞれの環境で生きるために備わった（　イ　）は，親から子へ（　ウ　）によって伝えられる。このように幾世代にも変わらず受け継がれる（　イ　）は，生物の特徴における共通性として確認することができる。一方，長い年月を経て世代を重ねていくうちに何らかの影響によって（　イ　）が変化することがあると，その結果は，場所に応じた生活のしかたなどにみられる多様性として確認することができる。

問1．（　ア　）～（　ウ　）に入る語は何か。最も適当なものを，次の①～⑦のなかから1つずつ選び，番号で答えよ。

① 遺伝　② 形質　③ 系統　④ 種　⑤ 進化　⑥ 適応　⑦ 類

問2．（　ア　）について，日本国内において乱獲や生活環境の急激な変化に対応できずに絶滅の危機にあるものはどれか。当てはまるものを次の①～⑦のなかからすべて選び，番号で答えよ。

① アホウドリ　② アライグマ　③ イガイ　④ シマフクロウ
⑤ スダジイ　⑥ ニホンオオカミ　⑦ ニホンザル

問3．（　ア　）について，ヒトの活動により本来の生息場所とは異なる日本へ移されて定着したものはどれか。当てはまるものを次の①～⑥のなかから3つ選び，番号で答えよ。

① アライグマ　② イヌワシ　③ アメリカザリガニ
④ シマフクロウ　⑤ スダジイ　⑥ ブルーギル

問4．（　イ　）について，肺炎双球菌を用いた実験で，細胞の外から入れた物質によって（　イ　）が変化する現象を発見した人物は誰か，答えよ。

問5．問4で述べた実験で用いられた細胞の特徴として，正しいものはどれか。当てはまるものを次の①～⑥のなかからすべて選び，番号で答えよ。

① ATPによりエネルギーを受け渡す。　② 核内にDNAをもっている。
③ 細胞壁をもっている。　④ 細胞膜で包まれている。
⑤ ミトコンドリアで呼吸によりエネルギーを取り出す。
⑥ 葉緑体で光合成を行う。

問6．下線部について，すべての生物について当てはまるものはどれか。次の①～⑥のなかからすべて選び，番号で答えよ。

① 核内にDNAをもっている。　② 細胞からできている。
③ 自分と同じ構造をもつ個体をつくる。　④ 受精によって新しい個体をつくる。
⑤ 代謝を行う。
⑥ 体内環境を体外環境と同じ状態に保つ。

問７．共通の祖先からはじまって，いろいろな動物が出現してきたようすを，「羽毛・翼」「四肢」「脊椎」「母乳による哺育」「陸上での産卵(排卵)」という５つの特徴の獲得にもとづいて類縁関係を調べて系統樹を作成した場合，どのようになるか。最も適当なものを，図１の①～⑥のなかから１つ選び，番号で答えよ。なお，ａ～ｅは５つの特徴のいずれかに対応している。

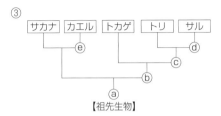

①

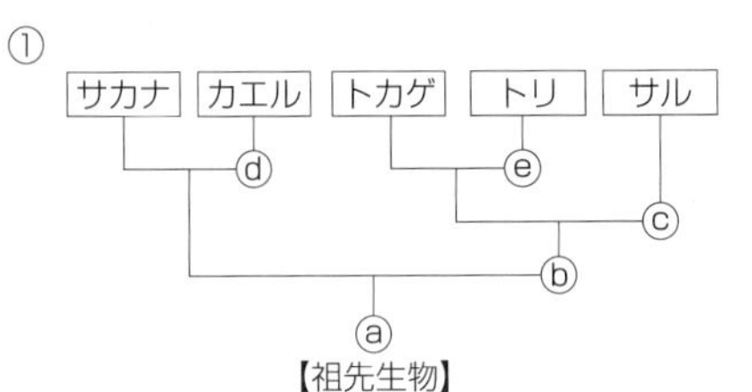

②

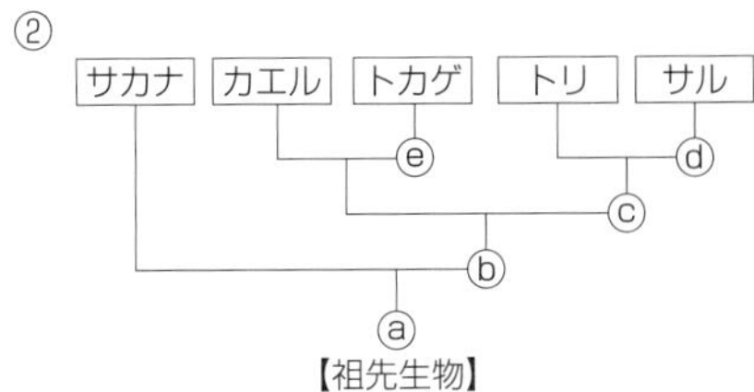

③

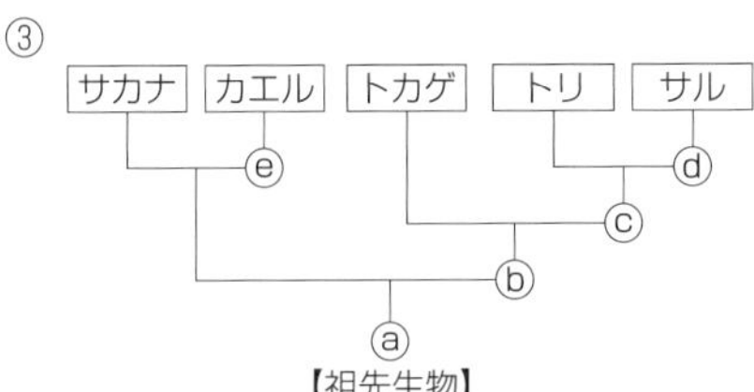

④

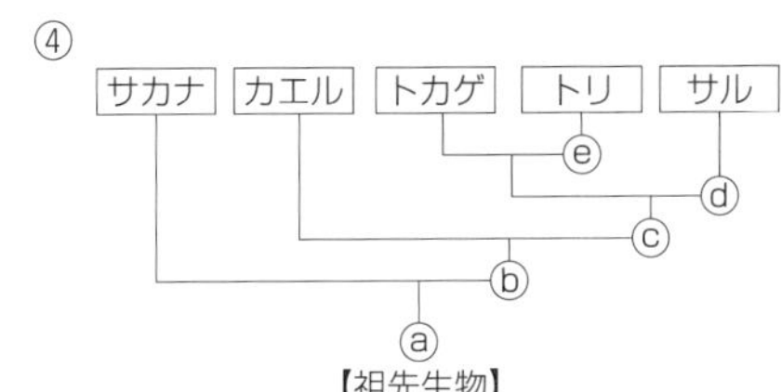

⑤

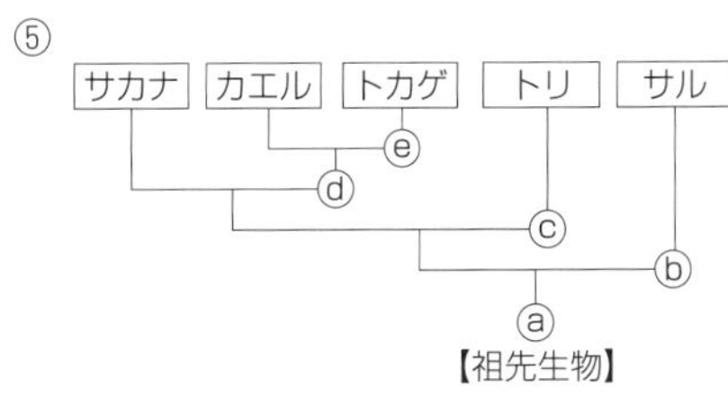

⑥

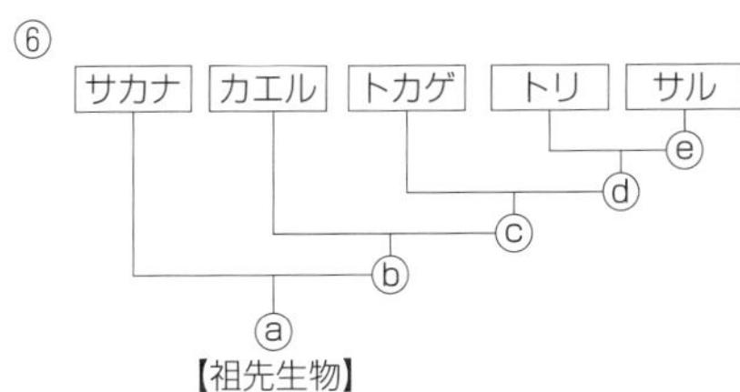

図１

問８．共通な祖先生物がもっていた特徴ａは何か。

問９．問７で選んだ図１の正しい系統樹で，ｃに当てはまる特徴を答えよ。

（21．杏林大改題）

ヒント

問７．それぞれの特徴に当てはまる動物を考え，それと系統樹で結ばれた類縁関係が一致するものはどれかを考える。

問８．特徴ａは，この系統樹に示されているすべての動物に共通する特徴である。

問９．ｃの分岐より先の動物群すべてに共通する性質を考える。

思考 論述

◻117. 遷移とバイオーム ◆次の文章を読み，下の各問いに答えよ。

火山噴火後の溶岩上のように，植生の形成されていない裸地からはじまる遷移を一次遷移と呼ぶ。図1～3は伊豆大島において噴出年代(形成年代)が異なる溶岩上の4地点(A～D)の植生や環境条件を調査した結果を示している。図1は各地点の植物の種数と植生の高さ，図2は各地点の土壌に含まれる有機物量(土壌重量に対する割合)と土壌の厚さ，図3は各地点における植物体量と植生の最上部の照度を100%とした場合の各地点の地表照度を示している。また，図4は本州中部における垂直分布を示す。

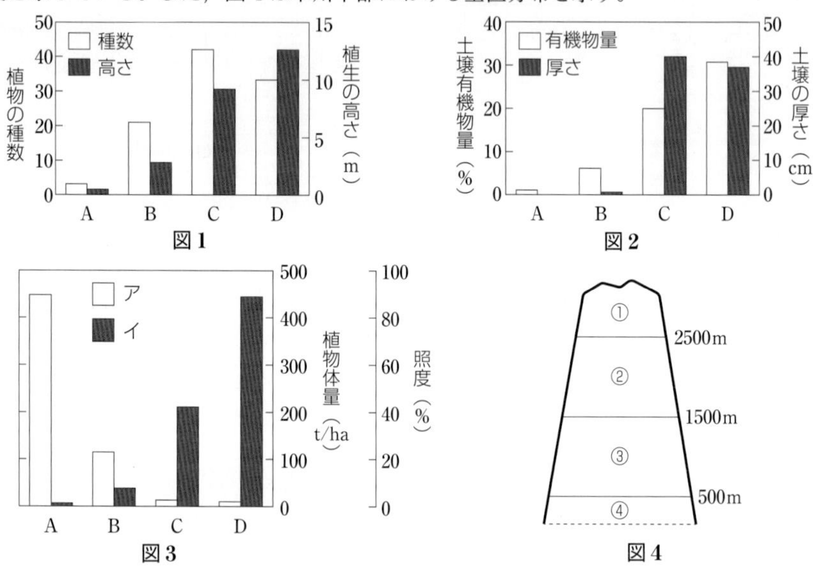

問1．地点A～Dのうち溶岩の噴出年代がもっとも古い地点を選び，記号で答えよ。

問2．図1において地点Dの植物の種数が，地点Cの種数より少ない理由を述べよ。

問3．図3のアとイのうち地表照度を表しているグラフを選び，記号で答えよ。

問4．次の1～4は，各地点に分布する主な植物を示している。地点A，Cに分布する植物をそれぞれ選び，番号で答えよ。

1．ヤブツバキ，オオシマザクラ　　2．スダジイ，タブノキ

3．ススキ，ハチジョウイタドリ　　4．オオバヤシャブシ，ハコネウツギ

問5．スダジイやタブノキが優占種となるバイオームを次のa～eより，また，そのバイオームがみられる分布帯を図4の①～④のなかから選べ。

a．針葉樹林　b．夏緑樹林　c．照葉樹林　d．亜熱帯多雨林　e．雨緑樹林

問6．図4の分布帯①と②の境界の名称を答えよ。

問7．日本におけるバイオーム分布の特徴を，年平均気温と年降水量の観点から説明せよ。

（20．東京慈恵会医科大改題）

ヒント

問2．2つの地点の植生が何かを考え，遷移の進行に伴う光環境の変化に着目する。

思考 発展 論述 やや難

118. 水界生態系のバランス◆次の文章を読み，下の各問いに答えよ。

生物の集団と非生物的環境を合わせたものが生態系である。生態系では，食物連鎖に伴う炭素や窒素などの物質の循環やエネルギーの流れを通して，生物と環境とがつながっている。

水界生態系の1つである湖沼生態系において，主な生産者は光合成を行い浮遊生活する植物プランクトンである。植物プランクトンの個体数は，水温や光の強さ，栄養塩類の濃度に依存して変化する。湖沼では，(a)植物プランクトンは生産層と呼ばれる表層におり，補償深度より深い分解層にはほとんどいない。湖沼において，窒素などの栄養塩類の濃度が高くなる現象を(b)富栄養化という。それに伴って植物プランクトンの(c)アナベナなどが異常に増殖して水面が青緑色になる(　ア　)が発生する。窒素はタンパク質や核酸の合成に欠かせない元素である。湖沼生態系では，水中に溶けている窒素以外に，大気から直接窒素を取り込んで代謝(窒素固定)を行う(d)ネンジュモなどの植物プランクトンがいる。

植物プランクトンの光合成によって生産される有機物は，主に動物プランクトンによって摂食され，さらに魚類など二次消費者に食べられる。このような食物連鎖を通して，生態系内ではエネルギーが流れている。植物プランクトンのように外界から取り入れた無機物を利用して有機物を合成する生物を(　イ　)生物と呼び，動物プランクトンや魚類のように他の生物がつくった有機物を摂取してエネルギーを得ている生物を(　ウ　)生物と呼ぶ。(e)湖沼生態系におけるエネルギー効率に関して，一次消費者の摂食効率は，森林や草原などの陸上生態系における摂食効率よりも高い。

問1．文中の(　ア　)から(　ウ　)に入る適切な語を答えよ。

問2．下線部(a)について，なぜ植物プランクトンは補償深度より深いところにいないのか，40字以内で述べよ。

問3．下線部(b)について，富栄養化は生物の集団と非生物的環境の両方に関わる問題を引き起こしている。富栄養化による植物プランクトンの大発生が，非生物的環境に及ぼす影響と，それによる生物の集団への悪影響について，例を1つあげ，40字以内で述べよ。

問4．下線部(c)と(d)は，それぞれどのなかまに属するか。下の語群から選んで記号で答えよ。ただし，同じ記号を重複して選んでもよい。

〔語群〕 A．緑藻類　　B．ケイ藻類　　C．シャジクモ類
D．渦鞭毛藻類　　E．シアノバクテリア

問5．下線部(e)について，一次消費者のエネルギー効率が，陸上生態系よりも湖沼生態系の方で高くなる理由を，50字程度で述べよ。

(20．高知大改題)

ヒント

問3．生物の集団への直接の影響ではなく，非生物的環境を介した間接的な影響であることに注意する。
問5．エネルギー効率とは，1つ下の栄養段階のエネルギー量のうち，摂食・捕食されて次の栄養段階の生物に利用された量の割合のことである。ここでは，生産者の量のうち，一次消費者に移行した量の割合となる。湖沼生態系と陸上生態系それぞれにおいて，主な生産者と，そのからだの特徴について考える。

総合演習

論述問題

1 生物の特徴

基本問題

☐ **119.** すべての生物に共通する特徴を3点，下の語をすべて用いて60字程度で説明せよ。
【細胞，DNA，エネルギー】

☐ **120.** 原核細胞の特徴を，下の語をすべて用いて50字以内で説明せよ。
【核，染色体，細胞小器官】

☐ **121.** 動物細胞と植物細胞の細胞構造の相違点を，次の語をすべて用いて50字以内で述べよ。【葉緑体，細胞壁，液胞】

☐ **122.** 代謝とは何か。下の語をすべて用いて100字程度で説明せよ。
【同化，異化，エネルギー】

☐ **123.** ATPとはどのような物質か，その構造と機能を，下の語をすべて用いて100字以内で説明せよ。【アデニン，リボース，リン酸，高エネルギーリン酸結合】

☐ **124.** 酵素の特徴を，下の語をすべて用いて50字以内で説明せよ。
【基質特異性，くり返し作用】

発展問題

☐ **125.** ウイルスは「遺伝情報をもつ」という生物に共通する特徴をもっているが，通常，生物とはみなされていない。その理由を60字以内で述べよ。 （岡山大改題）

☐ **126.** 核の構造と働きについて60字以内で説明せよ。

☐ **127.** 生物は，一見すると多様であるが，共通した特徴がみられる。この理由を，多様な脊椎動物における共通の特徴を例にして120字以内で述べよ。

☐ **128.** 代謝におけるエネルギーの出入りとATPの関係について，以下の語句をすべて用いて170字以内で説明せよ。【光合成，呼吸，タンパク質の合成，筋収縮】

☐ **129.** 光学顕微鏡において，レンズを取り付ける順序とピントの合わせ方における注意点について，それぞれ70字以内で説明せよ。

2 遺伝子とその働き

基本問題

☐ **130.** 光学顕微鏡下において，間期の細胞と分裂期の細胞とはどのように区別できるか。次の語をすべて用いて70字以内で説明せよ。【間期，分裂期，糸状，棒状】（19. 宮城大）

☐ **131.** タマネギの根端のような体細胞分裂を盛んに行っている組織を観察すると，一般的に，分裂している細胞と分裂していない細胞が混在している。これらの細胞の数の比から，どのようなことがわかるか，次の語をすべて用いて50字以内で答えよ。
【比率，細胞周期】（鹿児島大）

☐ **132.** 遺伝情報がタンパク質へ翻訳されるまでの一連の過程を，次の語をすべて用いて80字以内で説明せよ。【RNA，転写，アミノ酸】

☐ **133.** 翻訳の過程において，終止コドンの一つ前のコドンに対応するアミノ酸まででポリペプチド鎖の伸長が止まるのはなぜか。次の語をすべて用いて50字以内で説明せよ。
【tRNA，アミノ酸，終止コドン】（18. 秋田大）

☐ **134.** ヒトの体細胞に含まれる遺伝情報は基本的にすべて同一である。その理由を，次の語をすべて用いて90字以内で説明せよ。【受精卵，体細胞分裂，娘細胞】

発展問題

☐ **135.** ワトソンとクリックは，1953年にDNAの構造モデルに関する論文を発表した。この論文のなかで彼らは，「特定の塩基で対が形成されるという構造は，遺伝物質の複製機構について暗示するものである」と述べている。DNAの構造と遺伝物質の複製機構がどのように関係するかを，次の語をすべて用いて130字以内で説明せよ。
【相補的，ヌクレオチド鎖，塩基配列，鋳型鎖】（18. 北九州市立大改題）

☐ **136.** DNAとRNAを比較すると，前者の方が細胞内で安定であり，後者の方が不安定である。遺伝情報の保持と形質の発現におけるそれぞれの機能を考えたとき，RNAが不安定であってもかまわない理由を，50字以内で答えよ。（徳島大改題）

☐ **137.** 遺伝情報が翻訳される過程では，mRNAの3個の塩基が1個のアミノ酸を指定している。もし，mRNAの2個の塩基が1個のアミノ酸を指定していた場合，どのような不都合が生じるか。120字以内で説明せよ。（19. 岩手大）

3 ヒトのからだの調節

基|本|問|題

☐ **138.** 自律神経系の働きについて，次の語をすべて用いて100字以内で述べよ。
【支配，意思，交感神経，作用】

☐ **139.** ホルモンとはどのようなものか，次の語をすべて用いて100字以内で説明せよ。
【内分泌腺，体液，標的器官，受容体】

☐ **140.** 外気温が低い場合でも，体温を維持する機構がヒトには備わっている。特に，自律神経によって体温を上昇させる機構について，放散，発熱量の語を用い，自律神経の作用する具体的な器官や臓器をあげて，60字以内で述べよ。 （熊本県立大改題）

☐ **141.** 「抗原」「抗体」「B細胞」「食作用」の語を用いて，体液性免疫とはどのようなしくみであるかを100字以内で説明せよ。

☐ **142.** 病原体やその毒素に対する免疫を高めることを目的とする医療として，予防接種と血清療法が知られている。両者の違いについて，次の語をすべて用いて100字以内で述べよ。【抗体，病原体，即効性，遅効性】

発|展|問|題

☐ **143.** 摂食によって血糖濃度は急激に増加する。自律神経系とホルモンの共同作業による血糖濃度低下のしくみについて，160字以内で説明せよ。 （信州大改題）

☐ **144.** 血液凝固のしくみを，血小板，血しょう，凝固因子，フィブリン，血球のすべての語を用いて160字以内で説明せよ。 （19．早稲田大改題）

☐ **145.** 細胞内に侵入したウイルスは抗体の作用を受けにくいが，その理由を50字以内で述べよ。

☐ **146.** 免疫応答が過剰に働くと，どのような不都合が起こるか。花粉症を例にあげて80字以内で説明せよ。 （浜松医大改題）

☐ **147.** 毎年，異なったインフルエンザウイルス株を用いたワクチンが接種されているのはなぜか。その理由をウイルスの遺伝情報と関連付けて80字以内で答えよ。 （東北大改題）

☐ **148.** ヒトの免疫力を低下させる病気の例にエイズ(後天性免疫不全症候群)がある。HIV(ヒト免疫不全ウイルス)感染により生じるエイズは日和見感染症を伴うが，この理由を句読点を含めて60字以上80字以内で説明せよ。 （20．鳥取大）

4 植生と遷移

基本問題

☐ **149.** 発達した森林における階層による光環境の違いについて，次の語をすべて用いて50字以内で説明せよ。【光，階層，林冠，林床】

☐ **150.** 光合成速度は二酸化炭素の消費速度だが，植物に十分な光を照射して二酸化炭素の吸収速度を調べても直接光合成速度は測れない。どのようにして光合成速度を求めればよいか。次の語をすべて用いて60字以内で答えよ。【吸収，放出，呼吸】

☐ **151.** 先駆種とは，どのような種のことをいうのか，次の語をすべて用いてその特徴を50字以内で述べよ。【遷移，土壌】

☐ **152.** 植生の一次遷移には乾性遷移と湿性遷移がある。乾性遷移と湿性遷移との違いについて，次の語をすべて用いて50字以内で答えよ。【裸地，水】

☐ **153.** 陸上のバイオームの種類と分布を決める要因について，次の語をすべて用いて60字以内で説明せよ。【植物，生育】

☐ **154.** 日本のバイオームの成立と分布の特徴について，次の語をすべて用いて90字以内で説明せよ。【年平均気温，年降水量】

発展問題

☐ **155.** 陽生植物と陰生植物をそれぞれ，両者の光補償点の中間の強さの光で育てたとき，植物の生育はどのようになると考えられるか。その理由を含めて，110字以内で説明せよ。
（九州大改題）

☐ **156.** 陽樹を含めた陽生植物が遷移初期で優占し，極相林の暗い林床では生育できない理由を100字以内で説明せよ。
（18．岐阜大改題）

☐ **157.** 同一植物の葉でも，遮光のない条件下で生じた陽葉と遮光条件下で生じた陰葉がある。この２種類の葉はどのように異なるか100字以内で説明せよ。
（常磐大改題）

☐ **158.** 遷移は大きく一次遷移と二次遷移に分けられる。それらの遷移の特徴を100字以内で説明せよ。
（20．東京農工大改題）

☐ **159.** 日本の森林バイオームのうち，東北地方に分布するものと九州に分布するものでは樹木の落葉性に違いがある。その違いは分布域の気候にどのような点で有利だと考えられるか150字以内で説明せよ。
（愛知教育大）

5 生態系とその保全

基本問題

☐**160.** 食物網とは何か，次の語をすべて用いて60字以内で説明せよ。
【被食者，捕食者，食物連鎖】

☐**161.** 富栄養化によってプランクトンが多量に増殖すると，水生生物の大量死につながる。このしくみを，次の語をすべて用いて60字以内で説明せよ。【死骸，分解，酸素】

☐**162.** 水田には多様な生物が生息しているが耕作が放棄されると，それまで生息していた生物が減少する可能性がある。その理由を，水をためることに関連させて50字以内で説明せよ。 （20．弘前大改題）

☐**163.** 森林に生息する動物にとって生息地が開発などによって分断化されると，その個体数の減少につながる可能性がある。その理由を「繁殖相手」という語を用いて80字以内で説明せよ。

☐**164.** メチル水銀などの物質が生物体内に蓄積する理由を次の語をすべて用いて40字以内で説明せよ。【分解，排出】 （20．京都産業大改題）

発展問題

☐**165.** 河川の自然浄化に関連して，汚水流入直後から河川の溶存酸素量が低下し，その後汚濁物質の減少にしたがって上昇した。これらの理由について，微生物と関連付けて回復の段階を追いながら，100字程度で説明せよ。 （18．群馬大改題）

☐**166.** 干潟には，富栄養化した海水を浄化する機能があるとされる。干潟で，生物によって海水の浄化が起こるしくみを，60字以内で説明せよ。 （20．日本女子大）

☐**167.** 温室効果とはどのような作用か，60字以内で説明せよ。 （20．宮城大改題）

☐**168.** 外来生物は在来種の捕食など生態系にさまざまな問題を引き起こしているが，外来生物の多くは原産地では大きな影響を及ぼしていない。その理由として考えられることを60字以内で説明せよ。 （20．三重大）

☐**169.** 外来生物の例として，日本の生態系において生物多様性の喪失につながり，対応策がすでに講じられている脊椎動物種の事例を１つ挙げ，動物種名，それが生態系に対して及ぼしている影響および実際の対応策について120字程度で説明せよ。 （18．岩手大）

大学入学共通テスト対策問題

思考

❶. 細胞と代謝 次の文章を読み，下の各問いに答えよ。

父が高校生のときに使ったらしい生物の授業用プリント類が，押入れから出てきた。「懐かしいなぁ。ₐカビやバイ菌って，原核生物だったっけ。」と，プリントを見ながら，父が不確かなことを言い出した。私は，一抹の不安を抱きながら何枚かのプリントを見てみたところ，そこには…。

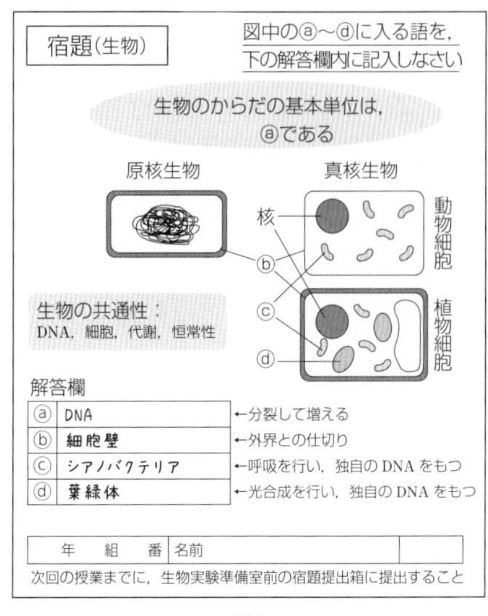

図1

問1．下線部aに関連して，原核生物ではない生物として最も適当なものを，次の①～④のうちから1つ選べ。

① 酵母菌(酵母)
② 乳酸菌
③ 大腸菌
④ 肺炎双球菌(肺炎球菌)

問2．図1は，提出されなかった宿題プリントのようである。そのプリント内の空欄a～dの書き込みのうち，間違っているのは何か所か。当てはまる数値として最も適当なものを，下の①～⑤のうちから1つ選べ。

① 0　② 1　③ 2
④ 3　⑤ 4

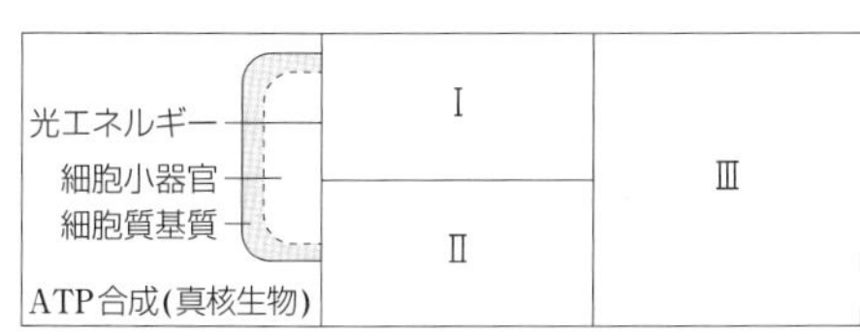

図2

問3．授業用プリントの一部に，図2のようなATP合成に関連したパズルがあった。図2のⅠ～Ⅲに，下のピース①～⑥のいずれかを当てはめると，光合成あるいは呼吸の反応についての模式図が完成するとのことだ。図2のⅠ～Ⅲそれぞれに当てはまるピースを以下の①～⑥のうちからそれぞれ1つずつ選べ。

①
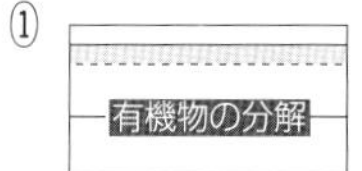

②
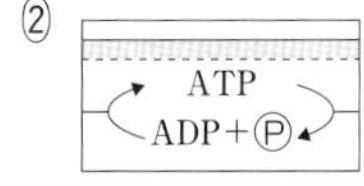

③
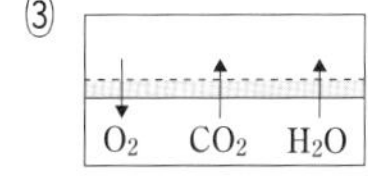

④
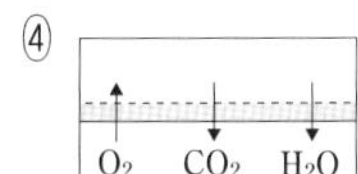

⑤
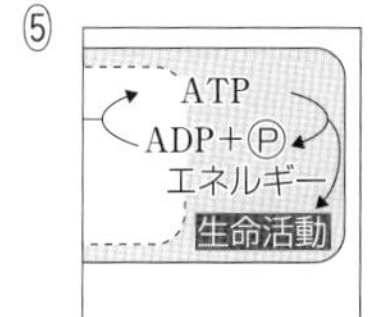

⑥
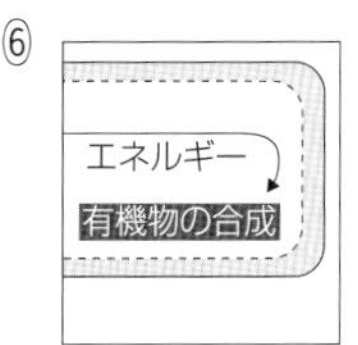

(21．共通テスト第一日程改題)

共通テスト対策

思考

☐ ❷. **代謝とATP** ■次の文章を読み，下の各問いに答えよ。

地球上には多種多様な生物が存在し，さまざまな環境下で生命活動を行っている。この生命活動は生体内での化学反応，つまり物質の合成や分解などの ${}_{\mathrm{a}}$代謝によって担われており，${}_{\mathrm{b}}$代謝の方法や産物は，生物の種や生物をとりまく環境によって異なることがある。

問1．下線部aに関連して，次の文中の(　　)に入る語として最も適当なものを，下の①～⑥のなかからそれぞれ1つずつ選べ。

呼吸では，有機物を代謝する過程で放出されたエネルギーを利用して，ATPが合成される。ATPは(　ア　)に3分子のリン酸が結合した化合物であり，(　イ　)の高エネルギーリン酸結合をもつ。このATPがもつエネルギーはさまざまな生命活動で利用され，体重5kgのある動物が次の性質Ⅰ～Ⅲをもつとすると，この動物1個体が1日に消費するATPの総重量は，およそ(　ウ　)になる。

体重5kgのある動物がもつ性質
Ⅰ　1つの細胞は，8.4×10^{-13}gのATPをもつ。
Ⅱ　1つの細胞は，1時間あたり3.5×10^{-11}gのATPを消費する。
Ⅲ　個体は，6兆(6×10^{12})個の細胞で構成される。

①　アデノシン　②　アデニン　③　2つ　④　3つ　⑤　5g　⑥　5kg

問2．下線部bに関連して，酵母菌(酵母)や麹菌(こうじきん)(コウジカビ)の代謝を利用すると，デンプンからエタノールを合成できる。これらの菌がもつ代謝の方法は異なり，酵母菌はデンプンを分解できないがエタノールを合成でき，麹菌はデンプンを分解できるがエタノールを合成できない。また，環境によっても代謝が異なり，大気中の酸素が利用できる環境では，酵母菌・麹菌は呼吸によって得たエネルギーを用いて増殖できる一方，大気中の酸素が利用できない環境では，麹菌は呼吸できないが，酵母菌はグルコースからエタノールを合成する過程でエネルギーを得ることができる。これらのことから，デンプン溶液に酵母菌と麹菌を同時に加えて増殖させ，エタノールを効率的に合成する実験方法として最も適当なものを，次の①～⑥のなかから1つ選べ。

①　溶液を大気中の酸素が利用できる環境に置いておく。
②　溶液を大気中の酸素が利用できない環境に置いておく。
③　溶液を大気中の酸素が利用できる環境に置き，溶液がヨウ素液に強く反応するようになったら，酸素が利用できない環境に置いておく。
④　溶液を大気中の酸素が利用できない環境に置き，溶液がヨウ素液に強く反応するようになったら，酸素が利用できる環境に置いておく。
⑤　溶液を大気中の酸素が利用できる環境に置き，溶液がヨウ素液に強く反応しなくなったら，酸素が利用できない環境に置いておく。
⑥　溶液を大気中の酸素が利用できない環境に置き，溶液がヨウ素液に強く反応しなくなったら，酸素が利用できる環境に置いておく。

(20．センター試験追試改題)

思考

□ **❸. 転写と翻訳** 次の文章を読み，下の各問いに答えよ。

DNA の遺伝情報にもとづいてタンパク質を合成する過程は，a DNA の遺伝情報をもとに mRNA を合成する転写と，b 合成した mRNA をもとにタンパク質を合成する翻訳との 2 つからなる。

問 1．下線部 a に関連して，転写においては，遺伝情報を含む DNA が必要である。それ以外に必要な物質と必要でない物質との組み合わせとして最も適当なものを，次の①～④のなかから 1 つ選べ。

	DNA のヌクレオチド	RNA のヌクレオチド	DNA を合成する酵素	mRNA を合成する酵素
①	○	×	○	×
②	○	×	×	○
③	×	○	○	×
④	×	○	×	○

注：○は必要な物質を，×は必要でない物質を示す。

問 2．下線部 b に関連して，翻訳では，mRNA の 3 つの塩基の並びから 1 つのアミノ酸が指定される。この塩基の並びが「○○C」の場合，計算上，最大何種類のアミノ酸を指定することができるか。その数値として最も適当なものを，次の①～⑨のなかから 1 つ選べ。ただし，○は mRNA の塩基のいずれかを，C はシトシンを示す。

① 4　② 8　③ 9　④ 12　⑤ 16
⑥ 20　⑦ 25　⑧ 27　⑨ 64

（21．共通テスト第一日程改題）

知識

□ **❹. ゲノム** 次の文章を読み，下の各問いに答えよ。

a DNA は遺伝子の本体であり，真核生物では染色体を構成している。近年，DNA や遺伝子に関わる学問や技術は飛躍的に進歩し，さまざまな生物種で b ゲノムが解読された。しかしながら，ゲノムの解読はその生物の成り立ちを完全に解明したことを意味しない。

問 1．下線部 a に関連して，DNA や染色体の構造に関する記述として最も適当なものを，次の①～⑤のなかから 1 つ選べ。

① DNA のなかで隣接するヌクレオチドどうしは，糖と糖の間で結合している。
② DNA のなかで隣接するヌクレオチドどうしは，リン酸とリン酸の間で結合している。
③ 二重らせん構造を形成している DNA では，2 本のヌクレオチド鎖の塩基配列は互いに同じである。
④ 染色体は，間期には糸状に伸びて核全体に分散しているが，体細胞分裂の分裂期には凝縮される。
⑤ 体細胞分裂の間期では，凝縮した染色体が複製される。

問 2．下線部 b について，ゲノムに含まれる情報を次の①～④のなかから過不足なく選べ。

① 遺伝子の領域のすべての情報　② 遺伝子の領域の一部の情報
③ 遺伝子以外の領域のすべての情報　④ 遺伝子以外の領域の一部の情報

（21．共通テスト第二日程改題）

知識

⑤. ホルモン　次の文章を読み，下の各問いに答えよ。

ヒトでは，血液中に分泌されたホルモンは，全身に運ばれ，標的器官に作用し，それぞれの器官の働きを調節する。下の図は，ホルモン分泌の調節に働く視床下部と脳下垂体を示している。図中のAとBは，視床下部に細胞体をもち，ホルモンを分泌する(　ア　)細胞である。Aの突起の末端から毛細血管に分泌された(　イ　)ホルモンは，血流にのって脳下垂体に到達し，(　ウ　)の分泌が促進される。

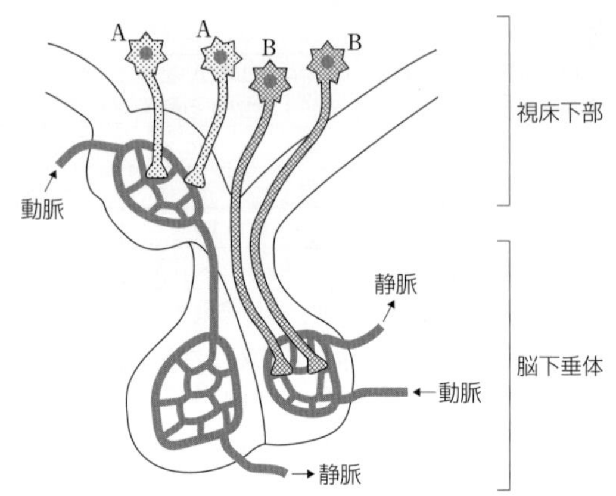

問1．文中の空欄(　　　)に入る語の組み合わせとして最も適当なものを，次の①～⑧のなかから1つ選べ。

	ア	イ	ウ
①	内分泌	放出	甲状腺刺激ホルモン
②	内分泌	放出	バソプレシン
③	内分泌	抑制	甲状腺刺激ホルモン
④	内分泌	抑制	バソプレシン
⑤	神経分泌	放出	甲状腺刺激ホルモン
⑥	神経分泌	放出	バソプレシン
⑦	神経分泌	抑制	甲状腺刺激ホルモン
⑧	神経分泌	抑制	バソプレシン

問2．ホルモンに関する記述として最も適当なものを，次の①～⑥のなかから1つ選べ。

① 1つの内分泌腺は，1種類のホルモンを分泌する。
② 1種類のホルモンは，1種類の標的器官に働く。
③ 1種類の標的器官には，1種類のホルモンが働く。
④ ホルモンの種類は，血糖濃度を上昇させるものより，血糖濃度を下げるものの方が多い。
⑤ 糖質コルチコイドは，血糖濃度が高いとフィードバックを受けて分泌が促進される。
⑥ 標的器官は，特定のホルモンに結合する受容体をもつ。

(20．センター試験追試改題)

思考

□ **❻. 病原体の排除** ■次の文章を読み，下の各問いに答えよ。

ヒトの体内に侵入した病原体は，自然免疫の細胞と獲得免疫(適応免疫)の細胞が協調して働くことによって，排除される。自然免疫には，食作用を起こすしくみもあり，獲得免疫には，一度感染した病原体の情報を記憶するしくみもある。

問１．下の図は，ウイルスが初めて体内に侵入してから排除されるまでのウイルスの量と２種類の細胞の働きの強さの変化を表している。ウイルス感染細胞を直接攻撃する図中の細胞ａと細胞ｂのそれぞれに当てはまる細胞の組み合わせとして最も適当なものを，次の①～⑧のなかから１つ選べ。

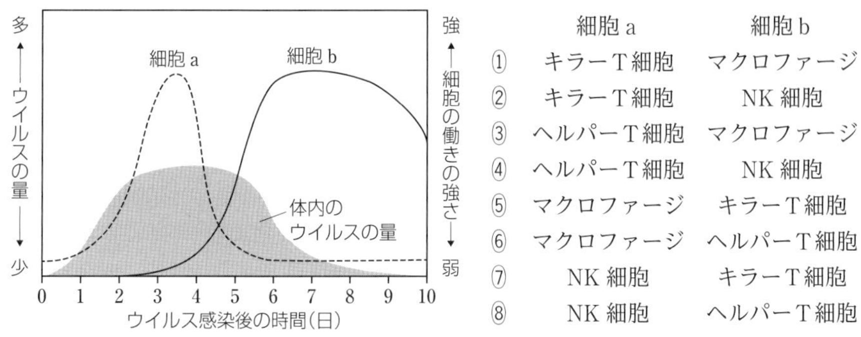

	細胞ａ	細胞ｂ
①	キラーＴ細胞	マクロファージ
②	キラーＴ細胞	NK 細胞
③	ヘルパーＴ細胞	マクロファージ
④	ヘルパーＴ細胞	NK 細胞
⑤	マクロファージ	キラーＴ細胞
⑥	マクロファージ	ヘルパーＴ細胞
⑦	NK 細胞	キラーＴ細胞
⑧	NK 細胞	ヘルパーＴ細胞

問２．次の①～③のなかから，食作用をもつ白血球を過不足なく選べ。

① 好中球　② 樹状細胞　③ リンパ球

問３．以前に抗原を注射されたことがないマウスを用いて，抗原を注射した後，その抗原に対応する抗体の血液中の濃度を調べる実験を行った。１回目に抗原Ａを，２回目に抗原Ａと抗原Ｂとを注射したときの，各抗原に対する抗体の濃度の変化を表した図として最も適当なものを，次の①～④のなかから１つ選べ。

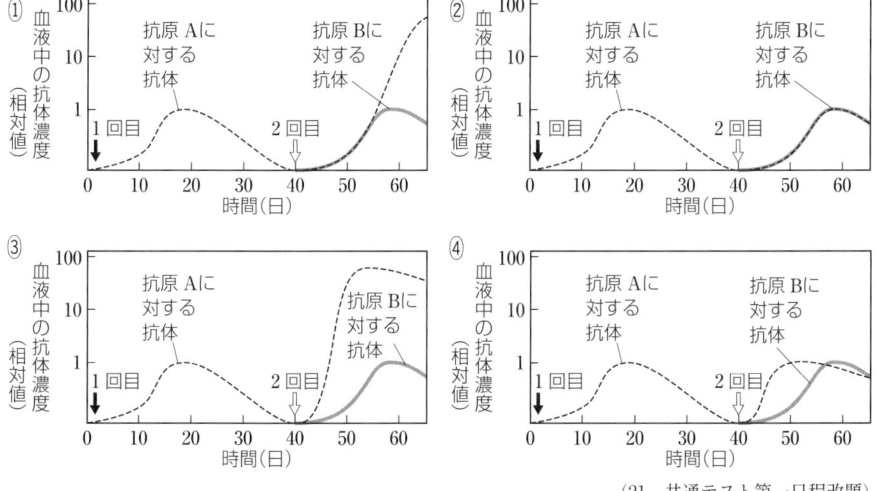

(21．共通テスト第一日程改題)

思考

☐ **❼. 遷移** ■次の文章を読み，下の各問いに答えよ。

火山活動が活発なハワイ島には，狭い地域のなかに，過去の噴火によって形成された多数の溶岩台地がある。形成後の年数(古さ)が異なる溶岩台地の間で，台地上の植生や土壌の状態を比較することによって，遷移の過程を調べることができる。古さが異なる溶岩台地における植生の状態を調べたところ，下の表に示す結果が得られた。

溶岩台地の古さ(約)	群落高(m)*	種数	主な植物種の被度(%)**					
			草本A	低木B	高木C	シダD	高木E	木生シダF***
10年	0	10	0.1	0.1	—	—	0.01	—
50年	3	25	0.1	0.1	2	29	5	0.6
140年	7	36	0.1	2.5	22	78	15	0.1
300年	10	64	—	1.1	24	7	8	73
1400年	22	62	—	0.1	42	—	15	83
3000年	18	60	—	0.6	—	10	43	88

* 植生の高さ：調査地に生えている植物の平均的な高さ(小数点以下は切り捨て)。

** 被度：その植物種の葉でおおわれる地面の面積率。「—」は存在しないことを示す。

*** 木生シダ：成長すると数メートルの高さに達するシダのなかま。

問１．表の各調査地において土壌の深さを調べたとき，溶岩台地の古さ(横軸)と土壌の深さ(縦軸)との関係を示すグラフとして最も適当なものを，次の①～⑥のなかから１つ選べ。

①
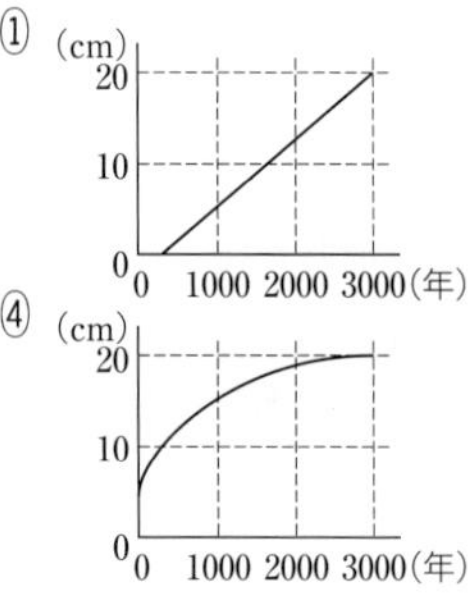

②
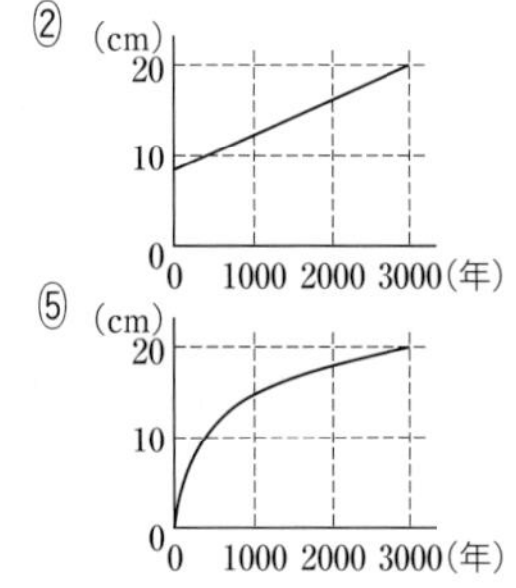

③
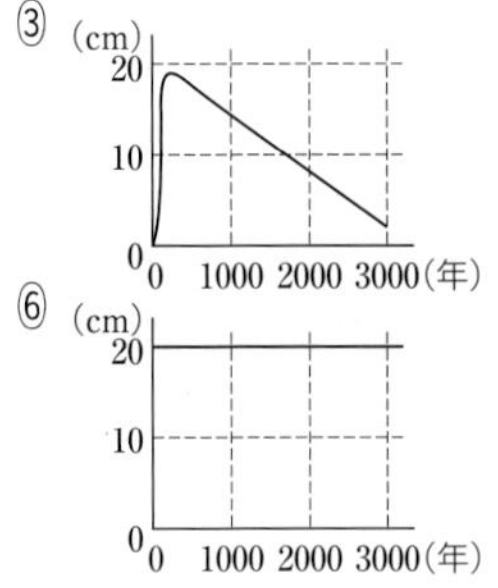

④ ⑤ ⑥

問２．表の結果から導かれる，この調査地における遷移についての説明として適当なものを，次の①～⑧のなかから２つ選べ。

① 極相種は高木Cである。
② 遷移の進行に伴い，優占種は草本→シダ→低木→高木の順に移り変わる。
③ 遷移の進行に伴い，シダ植物は減少していく。
④ 植物の種数は，最初の300年間は，遷移の進行に伴い増加する。
⑤ 植物の種数は，植被率(主な植物種の被度の合計)が大きいほど減少する。
⑥ 植物の種数は，植生の高さに比例して増加する。
⑦ 植被率は，遷移開始から約50年後より，約300年後の方が大きい。
⑧ 植生の高さは，遷移開始から約300年で最大値に達する。

(20．センター試験追試改題)

思考

❽. バイオーム　次の文章を読み，下の各問いに答えよ。

下の図は，世界の気候とバイオームを示す図中に，2つの気象観測点XとYが占める位置を書き入れたものである。

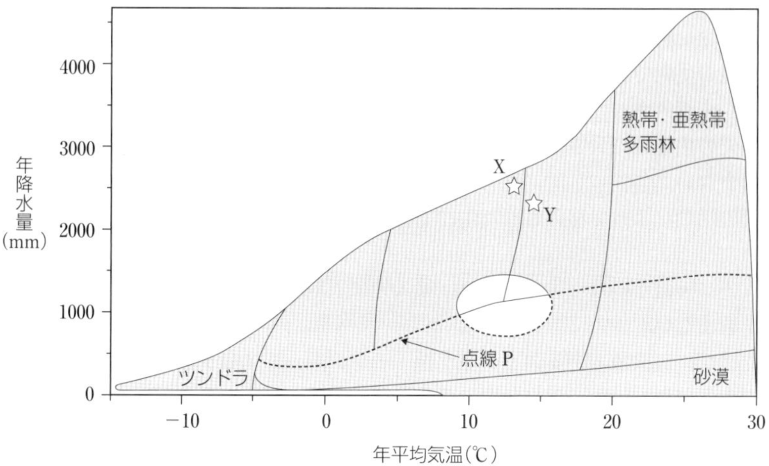

問1．図中の点線Pに関する記述として最も適当なものを，次の①～⑤のなかから1つ選べ。

① 点線Pより上側では，森林が発達しやすい。
② 点線Pより上側では，雨季と乾季がある。
③ 点線Pより上側では，常緑樹が優占しやすい。
④ 点線Pより下側では，樹木は生育できない。
⑤ 点線Pより下側では，サボテンやコケのなかましか生育できない。

問2．図に示した気象観測点XとYでは，同じ地域の異なる標高にあり，それぞれの気候から想定される典型的なバイオームが存在する。次の文章は，今後，地球温暖化が進行した場合の，観測点XまたはYの周辺で生じるバイオームの変化についての予測である。文中の(　　)に入る語の組み合わせとして最も適当なものを，下の①～⑧のなかから1つ選べ。

地球温暖化が進行したときの降水量の変化が小さければ，気象観測点(　ア　)の周辺において，(　イ　)を主体とするバイオームから，(　ウ　)を主体とするバイオームに変化すると考えられる。

	ア	イ	ウ		ア	イ	ウ
①	X	常緑針葉樹	落葉広葉樹	②	X	落葉広葉樹	常緑広葉樹
③	X	落葉広葉樹	常緑針葉樹	④	X	常緑広葉樹	落葉広葉樹
⑤	Y	常緑針葉樹	落葉広葉樹	⑥	Y	落葉広葉樹	常緑広葉樹
⑦	Y	落葉広葉樹	常緑針葉樹	⑧	Y	常緑広葉樹	落葉広葉樹

(21．共通テスト第一日程改題)

思考

☐ ❾. 外来生物 次の文章を読み，下の各問いに答えよ。

外来生物は，在来種を捕食したり食物や生息場所を奪ったりすることで，在来種の個体数を減少させ，絶滅させることもある。そのため，外来生物は生態系を乱し，生物多様性に大きな影響を与える。

問１．外来生物に関する記述として最も適当なものを，次の①～⑤のなかから１つ選べ。

① 捕食性の生物であり，それ以外の生物は含まない。

② 国外から移入された生物であり，同一国内の他地域から移入された生物を含まない。

③ 移入先の生態系に大きな影響を及ぼす生物であり，移入先の在来種に影響しない生物を含まない。

④ 人間の活動によって移入された生物であり，自然現象に伴って移動した生物を含まない。

⑤ 移入先に天敵がいない生物であり，移入先に天敵がいるため増殖が抑えられている生物を含まない。

問２．下の図は，在来魚であるコイ・フナ類，モツゴ類，およびタナゴ類が生息するある沼に，肉食性(動物食性)の外来魚であるオオクチバスが移入される前と，その後の魚類の生物量(重量)の変化を調査した結果である。この結果に関する記述として適当なものを，下の①～⑥のなかから２つ選べ。

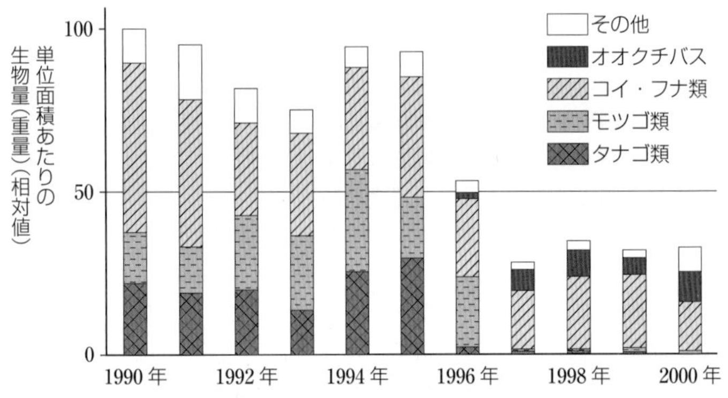

① オオクチバスの移入後，魚類全体の生物量(重量)は，2000年には移入前の３分の２にまで減少した。

② オオクチバスの移入後の生物量(重量)の変化は，在来魚の種類によって異なった。

③ オオクチバスは，移入後に一次消費者になった。

④ オオクチバスの移入後に，魚類全体の生物量(重量)が減少したが，在来魚の多様性は増加した。

⑤ オオクチバスの生物量(重量)は，在来魚の生物量(重量)の減少がすべて捕食によるとしても，その減少量ほどにはふえなかった。

⑥ オオクチバスの移入後，沼の生態系の栄養段階の数は減少した。

(21．共通テスト第二日程改題)

付録　指数，有効数字

❶指数

$10=10^1$，$10\times10=10^2$，$10\times10\times10=10^3$，…のように，10を n 個掛け合わせたものを 10^n と表し，n を 10^n の指数という。

n を正の整数として，10^0，10^{-n} は，次のように定められる。

$10^0=1$　…①　　　$10^{-n}=\dfrac{1}{10^n}$　…②

〈例〉 $\underbrace{300000000}_{0\text{が}8\text{個}}=3\times10^8$　　　$\underbrace{0.0000000005}_{0\text{が}10\text{個}}=5\times10^{-10}$

◎指数計算の法則：m，n を整数として，次の関係が成り立つ。

$10^m\times10^n=10^{m+n}$　…③
$10^m\div10^n=10^{m-n}$　…④
$(10^m)^n=10^{mn}$　…⑤

❷有効数字とその計算

❶有効数字　理科で扱う数値は測定による数値であり，誤差が含まれている。測定値のうち，信頼できる数値のことを有効数字，その数字の個数を桁数といい，「有効数字○桁」のように表す。

〈例〉 1.30…有効数字３桁　　　0.036…有効数字２桁

有効数字の桁数を明確にするため，最上位の桁を１の位におき，$\square\times10^n$ の形で表す。ただし，$1\leqq\square<10$ とする。

〈例〉 $245.5\rightarrow2.455\times10^2$　　　$0.0230\rightarrow2.30\times10^{-2}$

❷有効数字の計算

(a)　**足し算・引き算：計算結果の末位を，最も末位の高いものにそろえる。**

〈例〉 7.1 cm＋2.55 cm＝9.65 cm　　9.7 cm

最も末位の高い数値は7.1である。計算結果9.65の末位をこの数値にそろえるためには，小数第２位の５を四捨五入して，9.7とする。

```
    7.1
+)  2.5 5
    9.6 5
    7
```
▒：誤差を含む部分

(b)　**掛け算・割り算：計算結果の桁数を，有効数字の桁数が最も少ないものにそろえる。**

〈例〉 $45.1\,\mathrm{cm}\times6.8\,\mathrm{cm}=306.68\,\mathrm{cm}^2$　　$3.1\times10^2\,\mathrm{cm}^2$

計算結果の306.68を $\square\times10^n$ の形で表すと，3.0668×10^2 となる。ここで，有効数字の桁数が最も少ない数値は6.8で，計算結果の桁数をこの桁数（有効数字２桁）にそろえる。

したがって，$3.0\underline{6}68\times10^2\rightarrow3.1\times10^2$

有効数字２桁┘ └ここを四捨五入する。

```
     4 5.1
×)     6.8
   3 6.0 8
 2 7 0.6
 3 0 6.6 8
   1
```

出題大学一覧

数字は問題番号を，(　　)内は掲載ページを示す。

国立

公立

私立

新課程版　セミナー生物基礎

2022年 1 月10日　初版　第 1 刷発行
2025年 1 月10日　初版　第 4 刷発行

編　者　第一学習社編集部
発行者　松本　洋介
発行所　株式会社 第一学習社

広島：広島市西区横川新町 7 番14号　〒 733-8521　☎ 082-234-6800
東京：東京都文京区本駒込 5 丁目16番 7 号　〒 113-0021　☎ 03-5834-2530
大阪：吹田市広芝町 8 番24番　〒 564-0052　☎ 06-6380-1391

札　幌 ☎ 011-811-1848　仙台 ☎ 022-271-5313　新　潟 ☎ 025-290-6077
つくば ☎ 029-853-1080　横浜 ☎ 045-953-6191　名古屋 ☎ 052-769-1339
神　戸 ☎ 078-937-0255　広島 ☎ 082-222-8565　福　岡 ☎ 092-771-1651

訂正情報配信サイト 47301-04
利用に際しては，一般に，通信料が発生します。

https://dg-w.jp/f/3c30c

47301-04

■落丁，乱丁本はおとりかえいたします。

ISBN978-4-8040-4730-0

ホームページ
https://www.daiichi-g.co.jp

世界のバイオームの特徴と気候

ワルターの気候ダイヤグラム

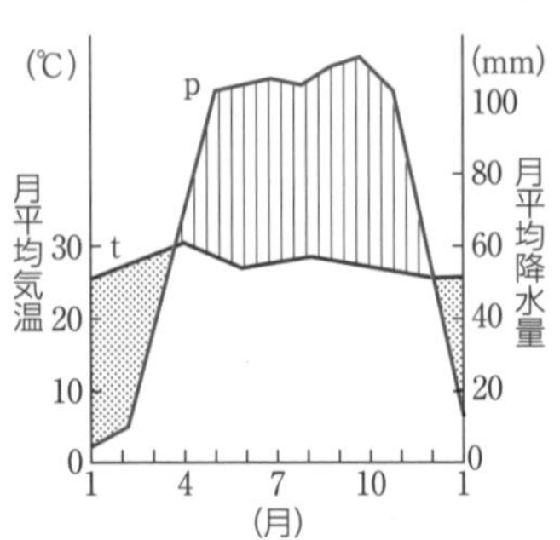

月平均気温（t）と月平均降水量（p）を１つのグラフで示し，そのパターンで気候の特徴を表したものである。t＝30℃と p＝60 mm のスケールを一致させてある。細点部は乾燥した時期，縦線部は水分が充足した時期を表している。p が 100 を超えた月はスケールを縮めて表してある。

荒原

❶ ツンドラ

平均気温が－5℃よりも低い寒帯にみられる。著しい低温環境では，遺骸などは分解されにくく，土壌も発達しない。

●ディクソン（ロシア）

年平均気温：－11.1（℃）
年 降 水 量：383.6（mm）

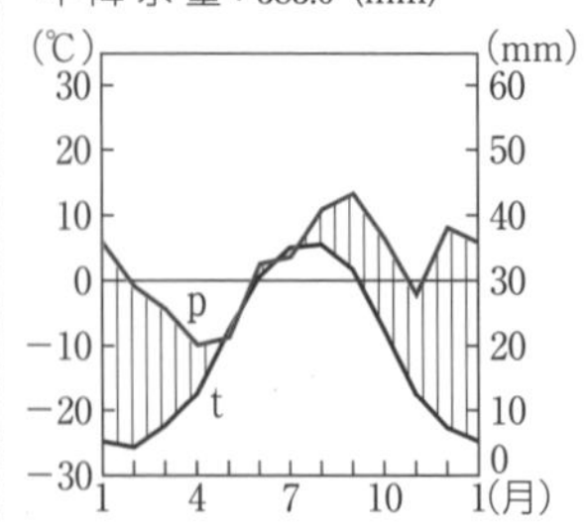

❷ 砂漠

年降水量が 200mm に達さず，土壌の表面が乾燥しやすい地域にみられる。からだに水分を蓄える多肉植物や，地中深くまで根を伸ばす植物が点在する。

●アリゾナ（アメリカ）

年平均気温：23.2（℃）
年 降 水 量：174.0（mm）

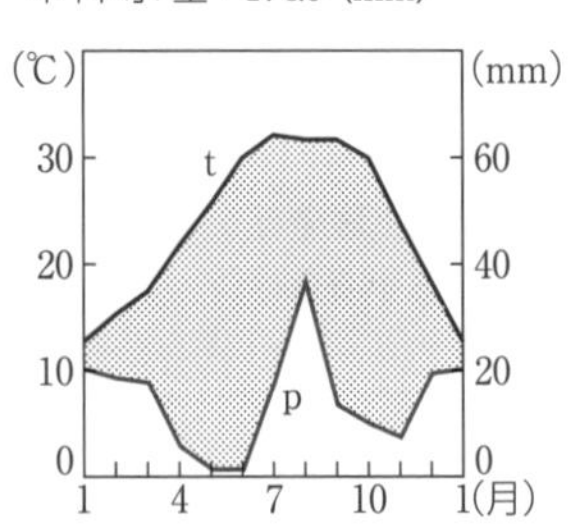

草原

❸ ステップ

亜寒帯や温帯で，年間を通じて降水量が少ない地域にみられる。イネ科の草本が優占する。

●ウルムチ（中国）

年平均気温：7.3（℃）
年 降 水 量：194.6（mm）

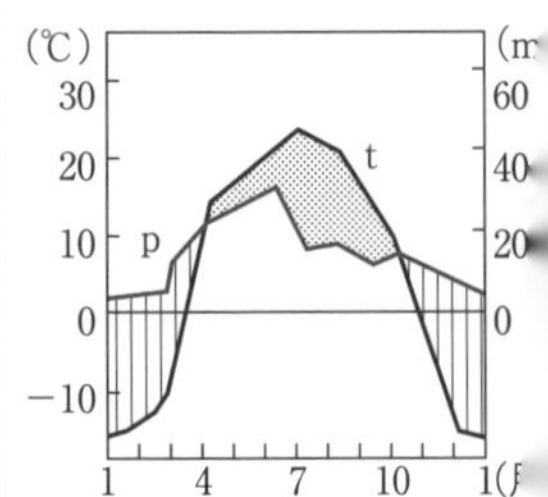

森林

❺ 針葉樹林

気温が低いが，最も暖かい月で 10℃を超えるような亜寒帯でみられる。優占種である針葉樹は，低温に耐性がある。

●イルクーツク（ロシア）

年平均気温：−0.4（℃）
年 降 水 量：453.4（mm）

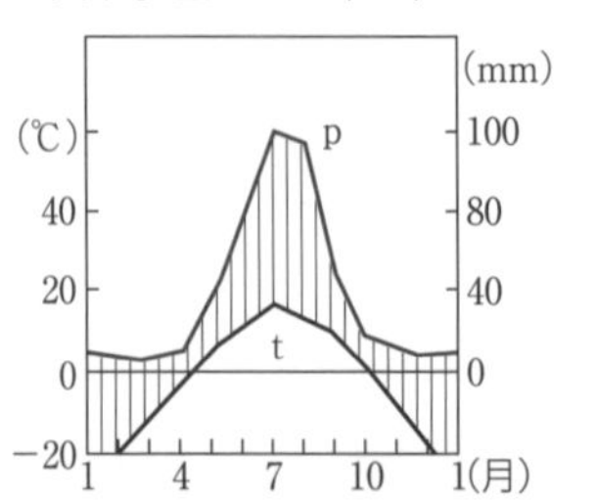

❻ 夏緑樹林

冷温帯で湿潤な地域にみられる。優占種である落葉広葉樹は，夏に活発に光合成を行い，冬は落葉して生命活動を低下させる。

●山形（日本）

年平均気温：11.2（℃）
年 降 水 量：1163.0（mm）

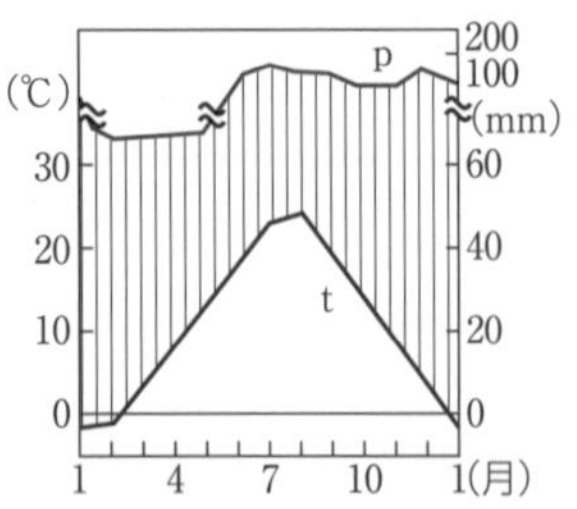

❼ 照葉樹林

暖温帯で，夏に降水量が多く，は乾燥する地域にみられる。濃色で光沢のある葉をつける常緑葉樹が優占する。

●下関（日本）

年平均気温：16.2（℃）
年 降 水 量：1685.0（mm）

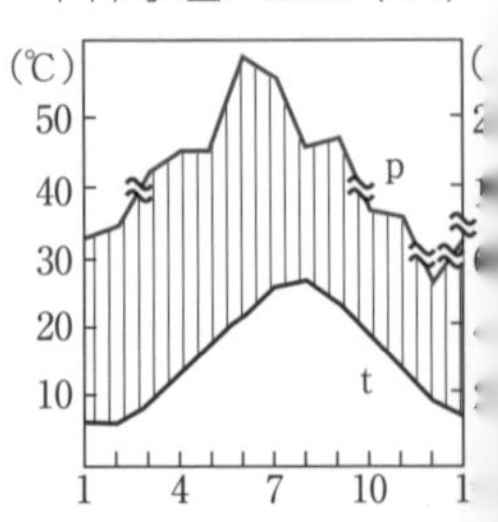